宠物猫驯养手册
——与喵星人一同成长

[英] 克莱尔·贝赞特
（Claire Bessant） 著

机械工业出版社
CHINA MACHINE PRESS

目　录

简 介

该怎么办

每天，我都在和猫咪医生、猫咪行为学家、猫咪繁育者、猫舍主人、参与流浪猫救助行动的人以及猫咪主人打交道。关于猫咪的信息极其丰富，但并非全都可信。不过，这些年我从身边一些出色的人身上，从应对猫咪主人和照料者提出的疑问和问题的过程中收获了足够多的智慧，让我不仅能给出一些关于猫咪护理的合理的常识性建议，还能对这种神奇的动物的生活提供一些有用的思考。

在本书中，我不会像一般的此类图书那样对猫咪的品种和行为大谈特谈。相反，我会把我们对猫咪的了解，以及猫咪如何与环境互动等方面的知识综合起来，把这些融入猫咪与我们的关系，探讨我们怎样做才能让猫咪感觉幸福，怎样做才能让猫咪健康。

大多数人都想长久地与猫咪拥有最融洽的关系。作为猫咪主人，我们可以做一些事情，使这种关系最优化。从最开始挑选一只适合我们生活环境的猫咪，到营造一个让它感觉安全放松的家，再到让它保持健康的身体，我们必须认识到，在决定我们的猫咪如何生活这一方面，我们起到了极其重要的作用。所以，如果我们能深入了解猫咪是如何看这个世界的，对于它来说哪些东西更重要，那么我们就能明白，我们对它的生活环境和在照顾它时做出的任何改变都会影响它。

我希望提供给大家的是一种类似"该怎么办"的方法。看着这台大自然进化出的完美捕猎机器，看它如何运用自己的全部技能——这可能很有趣，但这和猫咪如何与我们共同生活有什么关系呢？我的目的是告诉你，我们知道什么、能猜出什么，以及我们不知道什么，然后来审视这些如何影响了猫咪与人类的亲密关系。

我会讨论猫咪的品种，但是我是从猫咪健康的角度出发，而不是看谁更漂亮。我还会探讨我们期待的与猫咪生活的方式，以及它心目中更喜欢的方式。当然，我还要从猫咪行为方式的角度谈一谈我们对它的了解。

未来宠物

为何选择猫咪做宠物？有些人永远不会问这个问题。对于那些真正的爱猫人来说，它的外形、颜色、性情和它所有的小缺陷——都是喜爱它的原因。这些人多半是女性，多半是很有创造力的人，他们崇拜猫咪的独立精神，也赞赏它的美。

当然，猫咪还是非常棒的家庭宠物，跟谁都愿意坐一起：年轻的、年老的，行动敏捷的、残疾的——任何人的温暖膝盖都行。不需要去遛它，不用对它的身体进行控制，猫咪真的是适合所有人的宠物。现在男人也喜欢养猫带来的挑战，让自己了解、欣赏猫咪，而不是像对狗狗那样去控制它；猫咪既能在野外生存，也能和人类生活在一起，如果猫咪愿意和他们待在一起，他们会感到受宠若惊。

现在，养宠物的限制越来越多了。狗狗需要管制，还要带出去遛，我们不能在上班时把它丢在家里不管，从外面遛回来后还需要对狗狗进行清洁。关于养狗，有很多法律法规，既是为了我们的安全考虑，也和清理它们的粪便有关。的确，对于人类和其他狗狗来说，狗狗有时很危险，确实会发生事故。猫咪可能会抓挠，可能会撕咬，但它们极少像狗狗那样构成危险，也比狗狗好养。

猫咪是非常适合单身人士养的宠物——回家后它会热情地欢迎你，如果不得不把它丢在家里一整天，你也不会感到内疚，因为猫咪本来就喜欢独处。它也很适合家庭养，喜欢在各种各样的床上睡觉，喜欢被人关注——无论是大人还是孩子。

无论是到户外广阔的天地中方便，还是在家中使用猫砂盆，猫咪都很开心，它的灵活性很强。无论是大房子还是公寓，它都会把所有能使用的地方都用上——无论是横着的还是竖着的；而且与狗狗相比，它对我们的鼻子"更友好"——没有狗狗气味儿那么大，而且把自己弄得很干净。

你可以养小猫咪，也可以养成猫；可以养做了绝育手术的公猫，也可以养母猫；可

聪明又美丽……但什么会让猫咪开心呢？

以养斑猫，也可以养黑白花色的猫；可以养特别漂亮的，也可以养难看的——所有这些猫咪都会成为你的绝佳伴侣、令你毫无烦恼。它可以活得很久，也会很健康；它会和人很亲密、有趣，令人赏心悦目。总而言之，猫咪真是无可挑剔。

猫咪与孩子

关于猫咪与婴儿或猫咪与幼童，有很多故事。其实猫咪是特别适合孩子养的宠物——只要孩子们从小就学会尊重它们，而且掌握了与它们打交道的正确方式。

猫咪与婴儿

每个准妈妈都担心任何可能对新生儿造成潜在威胁的风险。的确，很多怀孕女性都听到过忠告，让她们在孩子出生前把猫咪送走。太遗憾了，因为只要进行正确的护理，采用得当的方法，猫咪其实是每天需要花大量时间给孩子喂奶的新手妈咪的最佳伴侣。有些猫咪的确很享受坐在妈妈和宝宝旁边

打呼噜的闲暇时光，会很快接受家中多了个新成员的事实。不过，还是应该采取正确的预防措施：

■ 不要让猫咪进入婴儿房或靠近婴儿床。

■ 如果把宝宝放在婴儿车里，要在顶上罩上防猫罩，防止猫咪坐进去。

■ 摸过猫后要洗手。

猫咪与蹒跚学步的宝宝

新生儿完全无助的状态只会持续很短的时间。之后，当婴儿活动能力越来越强、喜欢抓扯东西时，你就要开始保护猫咪了，不要让它被宝宝伤害。当宝宝还很小的时候，你可以抓住他的手，轻轻地抚摸猫咪，告诉宝宝该怎么做，如果猫咪不舒服，就要立即停止。

这会为日后宝贝与猫咪的交往建立正确的模式。要不停地向宝宝强调动作要轻、要安静，不要让宝宝抓猫咪。千万不要让宝宝抓猫咪的尾巴及任何其他部位！

如果宝贝与猫咪的互动很安静，要奖励他们，不过千万不要让宝贝与猫咪单独待在一起。当小宝宝开始蹒跚学步时，一定要保证猫咪可以逃到高处，能有个地方可以平静下来，安安静静地待着。

如果碰上有点吵、兴奋或危险的情况，大多数猫咪很快就知道要从这种局面脱身。当然，猫咪和人一样，有着不同的性格，容易紧张的猫咪可能需要更多时间来适应或需要更多可以逃避的地方。同样，如果你的猫咪很容易烦躁不安，你可能要提高警惕，防止宝贝在跟猫咪玩耍时突然粗鲁起来，因为猫咪的反应很可能是抓咬你的孩子。

记住，爬行的婴儿或蹒跚学步的宝宝可能会觉得猫咪的猫砂盆及里面的东西十分有趣，如果猫咪某次上厕所时发现孩子抓着猫砂盆，可能就不太愿意用了。

幼童

如果你在孩子还小的时候养了一只猫，一定要花时间向他们解释猫咪不是玩具，它很胆小，一开始很可能被他们吓到。跟孩子说明一下，大喊大叫、很大的噪声和突然的动作都会吓到猫咪。让孩子们有责任感，尽量对猫咪友好、安静，这样可以鼓励他们与猫咪相处——不要等到孩子抓住了猫咪之后再冲他们喊叫，让孩子知道自己错了。要亲身示范，教孩子如何正确抱猫咪。

如果你很冷静，有智慧，教育你的孩子尊重猫咪，对猫咪温柔，那么猫咪和孩子之间就可能建立非常融洽的关系。养猫的好处在于它的寿命较长，可以与宝贝一同成长，他们之间的亲密关系可以持续很多年。

介绍他们相识：如何摸猫咪

如果你新养了一只猫咪，先让孩子坐在

很显然，小猫咪比成猫更娇嫩，孩子在最开始抱小猫咪时应该先把小猫咪放在柔软的表面上，这样，即使小猫咪从孩子的胳膊中挣脱，也不会摔伤。孩子还得知道，小猫咪需要时间来睡觉，应该给它机会睡觉。如果好几个孩子争先恐后地想获得小猫咪的关注，轮流抱小猫咪，它可能就没机会睡觉了。

还要给孩子讲解一些猫科动物基本的身体语言——一些发出警告的动作，让孩子们小心。比如，摇晃一下尾巴通常意味着猫咪感受到了威胁，对被给予的关注感到烦躁；耳朵放平、挣扎着想离开、嘶吼等都是猫咪不开心的极端表现，孩子们看到后应该退后。他们还应该知道，之后一段时间猫咪可能还会有过激反应，它需要一段时间来平静下来，以后孩子们要换种方式与它打交道。

地板上，让猫咪观察他。给孩子一个小零食，让他喂给猫咪，鼓励他们互动。如果猫咪喜欢被孩子摸，便鼓励孩子摸猫咪的脑袋，还可以顺着猫咪的后背轻轻摸。如果猫咪走开了，不要让孩子去追赶，而应轻轻鼓励猫咪，让它回来。

至于抱猫咪的事情，如果猫咪已经成年，一定要保证孩子有足够的力气。理想的状态是孩子坐在长靠背椅上，猫咪也坐在上面。把猫咪轻轻拎起来，放到孩子的膝盖上，然后抚摸一下猫咪，鼓励它坐下来，待在那里。此时依然要多鼓励，而不是强迫他们互动。

至于如何把猫咪从地上抱起来，可以这样：先把手放到猫咪胸脯下面，把它抄起来，把另一只手放在猫咪屁股下面，托着它，把猫咪轻轻抱在胸前，让它感到安全——如果它感到不安全，就会恐慌、挣扎。给孩子示范，然后让孩子做。当你的孩子把猫咪抱起来后，鼓励孩子跟猫咪轻声说话，如果猫咪想挣脱，让孩子把它轻轻放下来。

右图：从一开始就教育孩子动作要温柔，这会令双方都很享受互动的过程。

第一章

猫咪的视角

关于猫的思考

如果猫是人，它会是这样的：与其打交道，我们会感到很荣幸。它特别骄傲，当然长得都不错。它还是最佳拥抱对象。它并不会特别刻意做什么，也不会故意装出喜欢你。的确，如果房子着火了，猫咪救不了你，它也不可能帮你沏杯茶。如果它给予你关注，你会觉得全世界都明亮起来了，那种感觉更像是恩宠降临到了身上——让我们感觉很好。

猫咪家族是最漂亮的一个物种——尽管这一点有争议。从皮毛的质地、色泽到身体的体型、大小，再到眼睛的颜色，当然，还有那美妙的呼噜声，一切都那么美。把"迷你老虎"当宠物养可不是闹着玩儿的。

在这一章中，我想谈谈猫咪是怎么看待我们和我们的生活方式的，这可以让我们从不同的视角看问题，也就能明白为何有些事情令猫咪喜欢，而有些却让它害怕；为何有些事情让猫咪产生安全感，而有些却令它离家出走。

猫可以做什么

让我们暂时忘掉"宠物"这个词。把人从这个等式中抽离出来，让猫咪回到自己的世界中，不受打扰。我们从这个角度来看它所需要的。

猫咪和我们所有人一样，必须用水和食物来维持生命，必须繁衍后代，让种族得以延续。它可能并没意识到繁殖对整个物种的好处，也不知道它本能的领地感是为了赶走其他猫咪，这样它就能在自己的"地盘"上专享属于自己的猎物，从而能生存下去。但

猫咪的行为由它本能的生存动力所决定，如捕猎。

是，正是这些动力决定了猫咪的行为。

让我们先来看看生存问题：猫咪自己的生存问题，而不是别的动物。

猫咪是一种小动物。不过，它拥有各种神奇的天赋，浑身上下都是一些能让它捕获猎物的"装备"。猫咪的猎物多半是那些小哺乳动物。它的反应如闪电般迅速，一般天黑之后就会在灌木丛中疾走。猫咪也会试图抓鸟——鸟会飞走，因此抓鸟这件事对猫咪来说极其艰难。有些勇敢的猫咪可以抓老鼠（一只抵死反抗的成年老鼠是猫咪的劲敌，可能会给猫咪带来巨大伤害）；还有些猫咪敢抓更大的猎物，比如幼兔（有时甚至是成年兔）、野鸡、鸽子等，甚至会把它们拖进

猫洞里。

那么如何靠近这些猎物呢——它们有着极其敏锐的听觉，几秒之内就能溜掉。所以，猫咪必须在黑暗中狩猎，利用声音来定位猎物，还要离它们足够近，以便在它们还没明白怎么回事的时候就能冲出来将其抓住，并且要迅速咬死它们，以防被咬，或者从爪子下挣脱出来跑掉。

这种小猎物，猫咪一天要干掉 10 只左右，但每次出击并不一定总能取胜。所以，猫咪需要表现优异，而且是特别优异。

同时，猫咪还要保卫自己的地盘，防止别的猫咪来侵犯并吃掉自己的猎物，这样才能保证有足够的食物来存活下去；而且还需要时不时地结交其他猫咪，交配、产崽。母猫要更高效地狩猎，才能喂小猫，把它们养大，然后教它们如何捕捉猎物，接着在下一个交配季节重复整个过程。公猫一定要身体强健，以便把别的公猫赶出自己的地盘。当然这样做是为了母猫，要保证自己能与其成功交配。

虽然猫咪是一个猎手，令很多其他小动物闻风丧胆，但同时也是一种体型相对较小的动物，容易沦为别的动物的猎物。因此，在捕猎和保卫自己的地盘不受同类侵略时，猫咪还得小心，别让自己身处危险境地。

猫咪看到的世界是什么样子

如果你曾照料过蹒跚学步的小宝宝，你就会知道这些聚满能量的小身体能让自己惹上各种各样的麻烦——不管看到什么，他们都要摸一摸、咬一咬。防止他们出危险的最佳办法便是蹲下来，和他们的视线平齐。这时你向四周观望——太神奇了，整个世界都不一样了，你能看到他们能把什么拽过来，能在地毯上发现什么，那嫩嫩的小手指能戳到什么东西。对猫咪也是如此。蹲下来看看房间真的能改变你的视角，把自己放入猫咪的思维框架，让你像它一样思考。

猫咪在跳跃能力和平衡能力方面拥有

猫咪的眼睛是一个高度复杂的工具，能让它成功地进行捕猎。

为何猫咪忍不住要玩耍移动的物体？

为了成为优秀猎手，为了能生存下去，猫咪在面对潜在猎物时必须能做出快如闪电的反应，这样才能抓住猎物。另外，猫咪的眼睛中配备了"传感器"，因此对从它面前移开的小物体特别敏感，移动的行为会启动它的自动反应机制，使猫咪进入捕猎模式。要想成为优秀猎手，把大量时间花在思考上是绝对行不通的——猫咪的反应是自动的。我们在和猫咪玩耍时就是开发它的这种反应能力，激发它进入捕猎或玩耍模式。它对此欲罢不能！

不可思议的天赋，这让它能掌控头顶的空间。猫咪可以轻松自如地跳起来，也能迅速跑掉，跟狗狗比起来，它拥有更广阔的施展空间。

想想野猫，它应该掌握什么能力？对于它来说，头等重要的大事便是捕猎，这样才能活下去。我们都知道，让猫咪追逐移动的物体是件多么容易的事。这是因为它体内存在一种机制，使它能对从其面前移开的小物体做出反应；面对各种机会，它的反应极其迅速，根本不会浪费时间来考虑该怎么做——这是一种本能反应。

猫咪眼睛后部还有大量光敏感细胞，凭借它们，猫咪可以看到人眼很难看到的极其微弱的光线。这一功能，再加上猫咪眼睛后部那层能反射光线的特殊细胞（如果在给猫咪拍照时打开闪光灯，我们能看到猫咪的眼睛发绿），意味着猫咪在非常弱的光线下依然能看清物体——如果需要在拂晓和黄昏时在外面走动捕猎，这一点至关重要。猫咪是那种被称为黄昏猎手的家伙，在拂晓和黄昏时的暮光中特别活跃——此时它的猎物也正在四处行动。

这也解释了为什么很多宠物猫会很早出动，跳上床，戳戳我们，让我们行动起来，或者放它出去，或者给它喂食——它的生物钟令它在这个时辰特别活跃。虽然完全黑下来后猫咪也看不到东西，但一天中能令它看清周围、轻松地四处走动的时辰比我们要多得多。

就眼睛与头部尺寸的比例而言，猫咪的眼睛特别大，而且它的眼睛后部有一片区域，可以让光线照进来，照在光敏感细胞上。猫咪可以对这片区域自由调整——它的瞳孔可以张大到整只眼睛那么大（这时猫咪的眼睛看上去是黑色的），还可以眯成一条缝，这时眼睛几乎全部呈现瞳孔的颜色。如果拥有如此敏感的器官，你可以将输送到光神经和大脑的信息最大化，但要保护好这个器官：如果射入眼睛的光线过多，也会对眼睛造成损害。这时，猫咪那对颜色特别漂亮的瞳孔会立刻关闭，只让极其微小的一部分光线射入。

猫咪的眼睛还有另外一层保护，它以附加眼睑的形式出现，如有必要，猫咪会在第一时间把它们放下来。这层眼睑的学名叫瞬膜，大部分时间是缩进去的，我们根本看不到。如果你的猫咪不舒服了，或者眼睛出了问题，你才可能清楚地看到它：它就像一层薄膜或组织，覆盖在猫咪眼角下部。

那颜色呢？——猫咪能辨别颜色吗？这个问题或许应该变一下："猫咪需要看见颜

色吗？"正如前面说过的，猫咪在黎明和黄昏时最活跃。想象一下你自己在这个时候出来——对我们来说，这是个很奇怪的时辰，很难看清、分辨物体，周围的一切都失去本来的色彩，被笼罩上一层灰蒙蒙的色调。这时，我们会希望路边的行人穿的是白色或是能反光的衣服，这样就不会不小心开车撞上他们。据说猫咪不能分辨鲜艳的色彩，它只能看到暗淡的蓝色和绿色，在它眼里，红色和橘黄色都是灰色的。所以，颜色对于猫咪来说并没有那么重要。最有意义的是它能在可见度很低的光线下看到东西，能注意到移动的物体。不过，有些品种的猫咪能抓捕各种颜色的猎物，有可能它们进化得比较好，能分辨明亮、鲜艳的色彩。

猫咪对细微动作很警觉。

猫咪眼中的世界颜色是暗淡的。

猫咪听到的世界是什么样子

这里我们需要再一次思考猫咪耳朵的功能，以了解听觉对于猫咪的重要性，以及猫咪的构造如何使其听觉最大化。

猫咪的头上竖着一对神奇的耳朵，很了不起，能旋转，这样就能接收到声音——就

像卫星信号接收器一样。即使小动物藏在灌木丛中，从外面看不到，猫咪仅凭它们发出的声音也可以追踪到它们。因此，猫咪的听觉系统必须要超级敏感，才能捕捉到小动物发出的尖叫声或窸窣声。接下来，听觉会向猫咪指引声音的来源，猫咪就能靠近小动物，猛扑上去。才4周大的娇嫩的小猫咪就能像成猫一样对猎物进行精准定位，这说明小猫咪很快就可以学习捕猎本领了。

与狗狗相比，猫咪对高音更为敏感——事实上猫咪的听觉敏感度跨越了很大范围：从30赫兹到5万赫兹，它能听到几乎只有人类才能听到的低音，也能听到一些远远超出人类听觉范围的声音。的确，比猫咪听觉范围还大的动物只有马和鼠海豚了。

记住：为了能听到小动物在日常生活中发出的吱吱声和窸窣声，猫咪必须要对它们进行偷听。

在和猫咪讲话时，我们往往会用比较尖的声音，也许这是本能——因为我们已经注意到猫咪会对这类声音做出反应，而我们低

猫咪的耳朵就像一对移动的卫星信号接收器，对周围环境进行扫描，来发现猎物的踪迹或察觉危险。

猫咪脚上的肉垫可以接收来自地面的颤动，并传递给大脑。

声说话时，猫咪可能听不太清楚。

它的耳朵能自己转动，猫咪常常用它们来表达感情；能"抓住"声音，将其放大，然后输送到内耳。猫咪根据两只耳朵听到的声音的差异来定位声音来源。猫咪能在 2 米以外分辨出相距 8 厘米的两个声音的差别，还能在 20 米以外分辨出相距 40 厘米的两个声音的差别。这样，猫咪就能慢慢朝猎物爬过去，边爬边接收信息，准确定位猎物，最后发起攻击。

所以对猫咪而言，这个世界比较吵闹。可以想象一下：只要坐在那儿，耳朵就会转动，捕捉到四周细微的声音——这是一种什么感觉。即使猫咪坐在那里打盹，眼睛半睁半闭，它的耳朵也会像雷达盘一样转动，监控周围的情况。

猫咪脚上的肉垫也特别敏感，尤其是前爪（有些猫咪可以把前爪当手来用，特别灵活）。肉垫不仅能在猫咪行走时起到缓冲作用，还是敏感的器官。据说，猫咪能用脚来"听"声音——因为肉垫对颤动极其敏感，里面有特殊压力接收器，可以察觉地面上啮齿类动物四处跑动时发出的颤动，还可以向猫咪发送脚下地面的质地和温度方面的信息。

猫咪嗅到的世界是什么样子

我们可以想象自己像猫咪那样匍匐在草丛中，聆听周围的动静和啮齿类小动物发出的尖叫声，也许我们还能让自己的眼睛模糊起来，想象自己在黑暗中能看到暗淡的颜色。不过，我怀疑猫咪们所栖息的有气味的世界超出了我们的想象。我们的生活以视觉为导向，气味可能处于我们感觉神经系统的最底端。如果我们的嗅觉出了问题，味觉就会受到影响，猫咪也一样：猫咪的嗅觉和味觉也同样连在一起。

的确，这种结合产生的结果更加令人感到不可思议。

我们目前所知道的是：猫咪的小鼻子后面有一片区域，上面排列着一层特殊的细胞，如果将它们平铺开来，能有一块手帕那么大。这片区域的面积是人类所对应区域面积的 2 倍——这并不奇怪，但却没有狗鼻子对应的区域那么大。当然，猫咪并不像狗狗那样用嗅觉来捕猎，它的嗅觉主要用来交流和进食。

在花园或房间里穿行的猫咪可以判断出很多信息：谁曾来过，其他猫咪何时留下踪迹和气味信号。如果信号是有色的，会留下污斑、鲜艳的斑点、模糊不清或褪色的区域；对猫来说，这种气味图像和我们的视觉图像一样有冲击力。

不过，猫咪的敏感性并非到嗅觉这里就结束了。为了能更充分地了解遗留的气味信息，猫咪身上还有一个特殊器官，就在口腔上腭的正上方。猫咪可以通过掀起上唇、卷起舌头、让舌头顶住上腭的方式来把空气送入这个小巧的、香烟形状的囊中（又称犁鼻器），这样就能将气味分子集中起来，让猫咪去做被称为"嗅"和"尝"的动作。这个过程可以让猫咪获得更多信息，否则它只能做"嗅"和"尝"中的一个。猫咪做这个动作时会伴随一个非常特别的面部表情，被称为裂唇嗅反应。

猫咪往往在闻到带有繁殖信息的气味时做出这个表情——发情期的公猫闻到母猫的尿味时会这样做。

味觉

当我们试图想象猫咪在进食或嗅食物味道是一种什么体验时，我们需要再一次把自己代入进来。猫咪在大自然中吃的东西几乎全都是肉类。的确，猫咪是专性肉食动物，为了获得所需的营养，它必须吃肉。

动物如何感受"味觉"——当与某些化学物质关联在一起的接收器被激活时，它体验到了什么——几乎难以述说。猫咪和人类一样，它的舌头上也布满了被称为乳头状突起的小颗粒——一簇簇的味蕾，能对猫咪食物的不同成分做出反应。猫咪唾液中的化学物质能将某些食物分解，激活味蕾。据说猫咪和我们一样，也能分辨出酸、苦和咸这些味道。不过，它似乎尝不出我们所说的"甜味"。这也很好理解——既然外面那个辽阔的大世界里甜老鼠的数量并不特别丰富，为何要进化出可能派不上用场的甜味接收器？人类之所以开发出了对甜味食物的喜好，是因为在我们的进化过程中，含有能提供能量的甜味食物极其稀少——只有蜂蜜和几种植物——我们身体里已设定好寻找甜食的程序。可猫咪并不拥有也不需要这种能量来源。相反，它进化成了肉食专家，事实上它失去了

猫咪的气味世界对于我们来说可能很难想象。

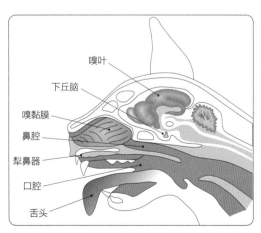

猫咪有一个能帮助它探测气味和味道的工具——口腔上腭的犁鼻器。

嗅叶

下丘脑

嗅黏膜

鼻腔

犁鼻器

口腔

舌头

我们身体所具备的一些路径——这些路径让我们能从觅食或采集到的其他食物那里获得营养。

可能老鼠的味道和鸟、鼩鼱的味道大不相同。谁知道呢？猫咪可能是分辨不同脂肪或蛋白质味道方面的专家——它对牛奶、奶油和奶酪之类乳制品的偏爱可能说明它喜欢高脂类食物或乳制品的质地。也许乳制品中所含有的一些化学物质能让猫咪产生愉悦的反应，就像巧克力和甜食给我们带来的感受一样。

如果能选择的话，猫咪通常会选择肉类脂肪含量高、味道浓重、质地既软又脆的食物，而且进食时食物的温度还要和猫咪体温差不多。它喜欢丰富多样的食物，如果食盘中有新食物或新口味，它就会吃新的，不吃自己吃过的，除非它感觉处于威胁或压力之下——这时它会更想吃自己熟悉的食物——可能相当于我们的"疗愈"食物。

猫咪感受到的世界是什么样子

猫咪是非常感性的动物，它对触摸极其敏感，能优雅、敏感地控制自己漂亮的身体。那它在自己的环境中是什么样子，它又如何"感受"周围的世界呢？

想想狗，再想想猫，看它们在自己的世界中的活动方式和互动方式有什么不同。狗狗笨手笨脚、到处乱闯，猫咪却娇嫩细致，这都是因为它们的敏感度不同。猫咪与人类、狗狗一样，皮肤上也有很多接收器，对压力和触摸很敏感。这些接收器可以区分抚触、挠痒痒和刷毛等感觉。温度和疼痛接收器也能向猫咪提供关于环境对猫咪影响的信息。不过，猫咪必须在黑暗的环境下，在所处的世界中小心翼翼地、无声地穿行，因此它要"融入"周围的环境，就不能横冲直撞。相反，由于对周围的一切特别敏感，它得踮着脚、扭着身子走，左右腾挪，安静地向前迈步，然后再等待。

猫咪会仔细观察周围的环境，踮着脚走，而不是横冲直撞。

杀死猎物时起多么重要的作用。

这就解释了为什么你想用湿手摸猫咪时，它似乎在闪躲；有些东西几乎碰到了它，却又没碰上时猫咪的身体会抽动。它对身边的世界高度警觉，身体的柔软和步伐的轻盈使得它看上去非常优雅，行动时平衡感特别好。

除了敏感的毛发外，猫咪的爪子下面还有一层高度敏感的肉垫。跟狗狗爪上粗糙、坚硬、毛毛刺刺的肉垫相比，猫咪的肉垫更柔软，更服帖。正如上文所说的，这层肉垫几乎能让猫咪用脚来"听"，能捕捉住各种动作和颤动，让猫咪获取更多信息。

我们的宠物猫已经从它那在沙漠中生活的祖先进化成了现在的样子，它的身体拥有各种适应机制，能让它在高温下茁壮成长。也许这就是猫咪不像我们这样对高温如此敏感的原因——你一定看到过自己的猫咪泰然自若地坐在暖气片或热水器上。不过，猫咪的鼻子和上唇对温度特别敏感，也许正因为这样，当它还是猫崽时就可以循着路线来到妈妈温暖的肚皮下吃奶。

猫咪的皮毛和胡须对于"感受"自己的周围环境极端重要。如何提高自己对周围事物的敏感度，来提醒自己是否碰到了植物，是否有微风吹来，旁边是否有障碍，脚下踩的是什么，这些东西是否会发出声音，如果发出声音是否会暴露自己的踪迹，还是会让自己安然无恙？这些对于猫咪来说都是关乎生存的头等大事。要想做到这些，一个办法就是感受周围的一切变化，哪怕是对障碍物最轻微的刮擦、障碍物周围空气的流动，都要去感知。这时，猫咪的皮毛就要派上用场了。猫咪的全身都覆盖着"针毛"——一层加厚的毛发，有着专门用途，比其他毛发植入身体更深，发根有很多神经。这些专用毛发（胡须也在此列）起的作用和杠杆差不多，它们进行的任何运动都会被放大，这样猫咪就能感觉到。周身有了这层敏感的"力场"，猫咪就能在黑暗中、在狭窄的空间里或是在灌木丛中摸索前行——这时猫咪需要闭上它那双脆弱的眼睛，以确保它们不受到伤害。

猫咪胡须的长度是它的脸的宽度的2倍（和身体差不多同宽），猫咪的眼睛、下巴、脸颊上方也生有毛发，这令它的脸部比身体更为敏感。后文中我们会讲到胡须在抓捕和

充分发挥自己的天分

我们已经知道猫咪能用自己的视觉和嗅

衡地通过窄篱笆时把爪子直接交叠起来。

观察你的猫咪捕猎时的样子。猫咪在跟踪猎物时肩胛骨会因向前迈步而起伏，而头部和脊柱保持不动，眼睛紧盯猎物，耳朵也在时刻倾听猎物动静。这样，它的视线不会受到干扰，身体可以带动头部稳稳前行。猫咪的肩胛骨与我们的肩胛骨不同——人类的肩胛骨是平的，位于胸腔的背后，猫咪的肩膀会随腿部一起运动，这就极大地扩大了它的活动范围，也使它能拉长自己的腿。

因此，猫咪的身体结构强壮而灵活，有很强的适应性，令它能平稳运动。但这些还不够。确保猫咪做出迅速反应和行动的是它的控制系统。自动反应和反射能力及超强的平衡感能迅速矫正猫咪的姿势，这样它就能摆正身体，不会踏空。它甚至还能在下落过程中在半空中翻身，让自己抓住机会四脚着地，最大限度降低受伤的风险——这意味着它能自信而安全地跃起。

虽然猫咪的身体令它很强壮，但它的身体结构却适合冲刺性全速跑，而不是长途奔跑。所以猫咪会跟踪猎物，一直到逼近猎物才发起攻击。猫咪奔跑时脚步很轻。其实猫咪是用脚尖来行走和奔跑的。通过脚尖轻点地面，猫咪可以伸缩脊柱，这样就能在短距离内获得非常快的速度。

猫咪还能利用周围竖直的空间和高杆，因为它可以跳跃到一定高度——相当于我们跳到8米的高度。它还能利用自己神奇的铁

觉来发现、定位猎物，以及它对触碰的敏感度如何让它能在自己的环境中优雅自如地活动。不过，要想让猫咪迅速靠近猎物，抓住并吃掉它，这些天分还不够。与那些和它体型差不多，但不需要以捕猎维持生存的动物相比，这个位于食物链顶端的猎手还有哪些优势呢？

是什么令猫咪行动起来如此优雅、流畅？首先，猫咪的骨骼和肌肉的生长特点在行动上赋予了猫咪极大的灵活性、敏捷性和速度。如果你想设计一款汽车，让它具备猫咪的性能，那么它得由高质量、圆润、流线型、灵活、扎实的组件做成。猫咪的身体和所有哺乳动物的身体一样，都是由和骨骼系统相关联的肌肉组成。最强大的部分是它的后腿和臀部——这些部位让猫咪有力量发起攻击；还有它的爪子，可以帮助它来杀死猎物。

令猫咪如此灵活的猫科动物的适应机制，还包括它那"浮动"的锁骨。猫咪的锁骨与人类的锁骨不同，并未与肩关节相连接，相反，它陷在肌肉里，这使得它的肩膀能几乎不受任何限制地移动，能钻进一些小地方，或者在保持平

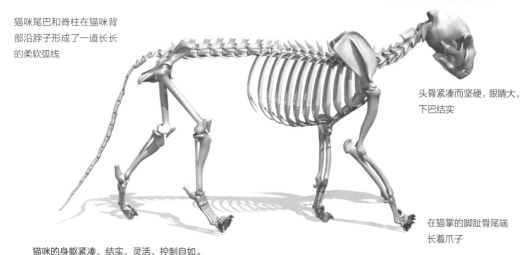

肩胛骨随着腿部的运动而摆动，给猫咪带来更大的活动范围

猫咪尾巴和脊柱在猫咪背部沿脖子形成了一道长长的柔软弧线

头骨紧凑而坚硬，眼睛大，下巴结实

在猫掌的脚趾骨尾端长着爪子

猫咪的身躯紧凑、结实、灵活、控制自如。

钩一般的脚爪快速攀爬。不过，向下爬对它来说可能略有点费劲，因为它的爪子指向相反的方向。不过，它通常都能应对！

猫咪的武器

瞧，骨骼有专门用途，肌肉也已做好准备，身体柔软而结实，反应如闪电般迅速，视线超级清晰，耳朵连针掉地上都能听见，猫咪已准备就绪。不过除了这些以外，这台捕猎机器还需要一些可以进行高效率猎杀的

猫咪真的是用脚着地吗？

猫咪的一个独门绝活是从高处落下后能用脚来着地，这叫"翻正反射"。猫咪并不是每次跌落或从各种高度落下后都能安全着地（很多猫都会受伤），但它确实拥有了不起的自救能力，可以在空中翻身，然后四只脚着地。

猫咪跌落时会引发自动反应机制，使它能翻过身来。不到0.1秒，从它的眼睛和耳朵内部的平衡感觉器官发出的信息就会启动一系列运动：首先让猫咪转身，这样它的头便能保持水平和竖直状态，接着把身体的上半部分翻转过来。猫咪脊柱上的神经可以让身体后半部分紧跟着翻转过来，而尾巴起到平衡作用，可以防止猫咪翻转过度。同时，猫咪会弓起背部来吸收落地瞬间的冲击力，这样它通常在落地时不会受伤。

不过，猫咪也不是十全十美。城市里的兽医已经习惯于接诊一些患有"高楼综合征"的猫咪——从阳台或几层高的窗户掉下来的猫咪。有些猫咪能神奇地死里逃生，但也有很多猫咪会受重伤。极为常见的是摔伤下巴——这是因为猫咪跌落速度太快，落地时下巴直接着地而导致的。大自然只给了猫咪从树上跌落免受伤害的本领，而没有为它准备从高层大楼跌落的反应机制。

我们依然建议住公寓楼的猫咪主人要防止猫咪上阳台，还要给窗户装上护网。很显然，大多数猫咪都是受到外面飞过的鸟儿或飘过的云朵的吸引而不小心跌落的。

猫咪为何会待在树上？

猫咪漂亮的爪子能让它飞快地爬上树。猫咪把爪子当铁钩使用，爪子的曲线意味着它几乎没有从树皮上滑落的危险。不过，当猫咪想要爬下树时，爪子可能会给它带来困难，因为它的爪子适合上树，却不适合下来。大多数情况下猫咪都是为了躲避地面上的东西才会在惊慌之中逃到树上，肾上腺素的飙升会让它浑身是劲，想爬多高就能爬多高。

猫咪也学习如何向下爬，但它的这个姿势可没有向上爬那么优雅。当猫咪与地面间还有一定距离时，它通常会跳下来。

有一种栖息在树上的野猫，它们的脚部有特殊的双关节，能旋转，当向下爬时，关节就会向后——这一定非常有用！

巨大并不奇怪，要知道，在猫咪的狩猎生活中，视线是多么重要。虽然和其他肉食动物比起来，猫咪的牙齿要少一些，但它的牙齿非常坚硬、锋利。前排细小的切牙能撕裂肉类，并将肉从骨头上剥离下来，同时可以在清理口腔时咬掉寄生虫；匕首一样的犬齿是用来抓住和杀死猎物的；臼齿用来把肉撕成碎片，便于吞咽——因为猫咪的咀嚼方式和人类不同。

猫咪的脚爪多么优美！为了能无声地奔跑，它可以把长长的、剃刀一样尖利的爪子收起来——它的爪子紧挨着最后一节脚趾骨的末端。如果有必要，它还可以将脚趾骨向前旋转，使爪子迅速从皮肤的褶皱下面伸出来。爪子外层会定期脱落，露出里面隐隐发光的新爪片，这样就能保持爪子的尖利度。爪子倒钩的形状也使猫咪能抓住猎物，防止猎物逃跑。为了使爪子更大限度地发挥效力，猫咪还有极其灵活的前腿，可以自由活动、扭转，而狗狗的前腿要僵硬得多。的确，猫咪的脚爪不像其他食肉动物，倒更像猴子，还可以用爪子来梳理毛发，拿起那些嘴巴够不到的食物。

当然，这些武器不仅仅是用来发起攻击

武器。

如果你观察猫咪的头盖骨，会发现它有两个最明显的特点：一个是巨大的眼窝，另一个是排列着尖锐牙齿的坚硬的下巴。眼窝

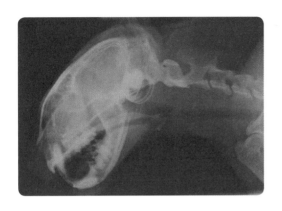

这样当猫咪在灌木丛中穿行时就不会被东西勾住，而且爪子尖也不会变钝。相反，它们会保持锋利状态，随时准备捕猎。此外，猫咪的爪子上还布满神经，为猫咪提供关于爪子的伸展和向侧面活动的信息。所有这些都意味着猫咪的爪子并非仅仅是可以用作武器的静止不动的指甲；除了用来抓捕猎物和攀爬这些明显用途外，它们还是敏感的工具，可以给猫咪提供大量极其有用的信息。

当我们说"给猫咪磨爪子"时，我们的意思并不等同于磨刀刃，使其变得锋利。相反，猫的爪子其实会重新长出来，"磨"这个过程其实是使外层老爪皮脱落，露出下面锋利的新爪。如果察看一下你的猫咪磨爪子的地方，你会发现小小的、白色月牙形爪片，这就是脱落下来的外层爪皮。

顺便提一下，猫咪的爪子和我们的指甲不一样，它们其实是和骨头连在一起的，所以当人们给猫咪"拔爪"时，其实等于是在剪掉猫咪的指甲末端。这种做法在英国是不允许的，不过在美国和很多其他地区都会发生。

有些主人会给猫咪剪爪子，这样它们就不会太锋利，如果猫咪挠家具或地毯，破坏性就会小一些。不过，做这个时要千万小心，因为猫爪里面有条血管（也叫嫩肉），如果爪子剪得太短，会流血。要想给猫咪剪爪子，首先要购买合适的猫爪钳，然后抱着猫咪静静地坐下来，动作要坚定而温柔。看到嫩肉后，要往下剪一点儿。如果不能确定，可以问一下你的兽医或宠物诊所护士，让他们先给你演示。

在猫咪还是幼崽时就让它习惯修剪爪

的；当猫咪需要自我防卫时，也会经常用到这些武器。

猫咪如何磨爪子

当我们看到猫咪用爪子抓树干、家具和地毯时，我们就会说它在"磨爪子"。可它到底怎么磨呢？

我们不应该把猫咪的爪子看成钩子，而应该把它视做一个优雅、复杂的系统，能给猫咪提供一把特别锋利的长剑。猫咪的爪子其实是向外伸的，而不是收缩的——也就是说，它们通常都缩在小巧的丝绒般的口袋里，

如果给猫咪剪指甲，要选用合适的指甲刀，修剪时要特别小心。

子，比当它长大后才开始修剪爪子，会令猫咪在这个过程中更顺从，很多人都发现了这一点。有些猫咪能够忍受，而有些猫咪则很抗拒。如果你的猫咪过着非常活跃的户外生活，这样做会使它的爪子变钝，大部分猫咪主人都会觉得没必要。不过，当猫咪变老后，可能没那么活跃，可能也不会太在乎自己的爪子了。这时爪子就会长得过长，还会卷曲陷入肉垫中，所以老猫的主人应该定期检查猫咪的脚部，根据需要进行修剪。

总结：超级猎手——猫咪

野猫，即没有任何人类的帮助，完全在野外生存的猫咪，从一生下来就要在极短时间内（不到 6 个月）学会成为一名高效、自给自足的猎手。它不仅要学习如何对父母遗传给它的天分进行控制和充分利用，还要在了解广阔世界的同时打磨自己的捕猎本领，学习在捕猎过程中躲避危险，这样才能一天

捕获 10 个猎物。

有了这些了不起的爪子和牙齿的武装，猫咪既可以蹲守在小型哺乳动物经常出没的路上，等待小动物过来，也可以匍匐过去发起攻击。无论采用哪种方式，猫咪都需要用自己的爪子固定住小动物或鸟类，然后把它放到合适的位置，杀死它。记住：当猫咪紧盯的物体在 2~6 米远时，它看得最清楚，如果猎物就在眼前，它的视线反而不清晰。

猫咪必须要用它的"第三只手"——胡须来帮助自己。猫咪的胡须可以向前立起来，触碰猎物，帮助猫咪判断猎物在什么方向，离自己有多远。当猫咪嘴巴周围敏感的胡须和毛发碰到猎物时，会启动一连串本能反应——猫咪转头，把猎物安放好，将其咬死。猫咪嘴唇一周还有另一套接收器，令猫咪的下巴张开，嘴巴里更多的接收器引发猫咪做出咬猎物的行为。如果猫咪成功地咬住了猎物的脖子，它的犬齿会滑入猎物颈骨之间，咬断猎物的脊髓，猎物当场便会死亡。猫咪的犬齿和爪子还是感觉器官，因为它们能告诉猫咪所遇到的抵抗有多激烈、压力有多大。捕猎需要猎手做出迅速反应，因此这类本能信号意味着猫咪没有失去任何时机。一眨眼的瞬间可能就意味着是美餐一顿还是忍饥挨饿。

这就是猫咪，一个神奇的生灵。如果了解了这一切，就会对我们有巨大帮助——知道该将猫咪置于何种位置，还能意识到我们如何对猫咪产生影响，无论是有意还是无意。

小野猫在很小的时候就自给自足了。

猫咪的攀爬能力很强，有时候高处能给猫咪带来安全感。

捕猎需要集中注意力，也需要技巧。

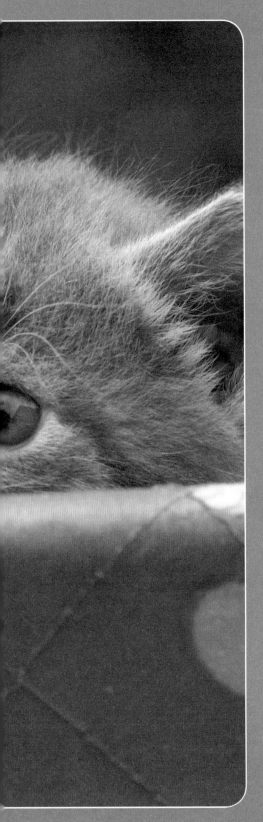

第二章

心里安全，生活安全

什么是领地

我们经常开玩笑说"猫咪有自己的领地"，这个说法的意思就是猫咪会把别的猫咪从它的花园中赶走，或者如果有陌生猫咪闯进屋里，它会非常不开心。我们觉得自己理解猫咪，知道它不愿意和别的猫咪待在一起。可我们的了解有多深？领地对于猫咪有多重要？为什么？

记住，就猫咪的进化和对它来说重要的事情而言，人类完全微不足道。我们可能与猫咪共同生活了几千年，但上百万年的进化使得猫咪成为它现在的样子，也给了它驱动各种行为的基因。所以说，即使没有我们，猫咪照样能凭借自己的智慧和天分存活下来。

猫咪的祖先是独居的。如果周围食物充足，它们能够也确实会群居（这通常意味着人类在它们的住处周围留下了食物，或者周围有能吸引猎物的资源，如粮仓）。然而，通常情况下它不得不在能获得食物的区域划出一片属于自己的领地。（如果是母猫，这个领地不仅能养活它，还能养活它的幼崽）。这个资源非常宝贵。出于这些原因，我们可以将"领地"一词定义为猫咪可以做好防守准备的一片区域。猫咪的活动可能会超出这个范围，但它无法防守更大区域。猎物越丰富，猫咪所要防守的领地就越小——因为防

守需要力量，在赶走其他猫咪时，还会给自身带来一定的危险。

在捕猎和生活时，猫咪完全自力更生——它不像狗狗那样，有一群和它想法一样的动物来支持。所以猫咪对入侵行为极为小心、警觉。

母猫（女王）要为自己和自己的小猫咪守卫领地——小猫咪通常比公猫要小。未绝育的公猫会把其他猫咪赶出女王待的领地，因为它可能会与女王交配。领地是食物和配偶的来源，对于猫咪至关重要，所以猫咪在这个事情上一点儿也不马虎。

当你把猫咪带到人类的世界，带到自己的家和花园中时，要记住猫咪的这一"自然"倾向。在猫咪的大脑里，那个领地保卫者依然在嘶叫。在人类的世界，猫咪的领地通常是家里或花园里的某个安全的地方。因为有足够的食物，而且我们的大多数宠物猫都接受了绝育手术，所以对很多猫咪来说，有了这个地方就足够了。不过，如果一个地方有很多猫群，它们的领地可能会产生很大重叠，它们的竞争可能会很激烈。天气和季节也会影响猫咪是否走出房间来到花园，在花园里走多远，以及多久出来一次。如果天气暖和，周围有很多小动物，激起了猫咪的捕猎本能，它可能就会走远一点儿，多出来几次。

如果我们已经养了一只猫，又把新猫咪带到家里来，我们需要清楚这对猫咪来说是多么严重的入侵行为，而且要清楚那只住家猫咪的本能反应可能会非常激烈——猫咪之所以不会敞开双臂欢迎新猫咪，并非出于妒忌或者这样做有多难，而是出于它的生存本能。这个我们后面再谈。

如何向别的猫咪宣告自己的到来

作为社会动物，我们会觉得如果让猫咪独处，它会感到孤单，或者它需要别的猫咪来做伴。然而，如果你看到它和别的猫咪交流的方式，就会明白它发出的多数信号都是让别的猫咪走开，而不是欢迎它来一起分享老鼠。

猫咪不可能每时每刻都待在自己的领地（它甚至都不能看到领地的全部），所以它必须要有一个能占有领地并告诉其他猫咪这个区域已被使用的机制。这一点可以通过做气味标记来实现，这样猫咪就不用面对其他猫咪，或者与它们发生冲突了。面对面交锋可能会导致猫咪产生侵犯性，或者打架，而这样做的话反过来又会让猫咪受伤，或者有危及生命的危险，所以用气味吓唬一下就行了。猫咪留下的气味不仅能给其他猫咪传递信息，还能让它在自己的领地里感觉"很自在"。

当然，猫咪有时候也想和别的猫咪聚居在一起，特别是它想生小猫的时候！母猫到了发情期会做好交配准备，它需要一个配偶。因此，它需要让自己所处区域的公猫知道：如果它们出现，不会被赶走。它有几种方式可以做到这一点，可以发出声音——就是我

们所说的"叫春"，还可以留下很远便能被闻到的气味信息。

这就是猫咪嗅觉出众的原因：它要留下各种复杂信息，还要理解各种信息。猫咪留下的气味信息包含性别、生殖状况、健康、力量、上一次何时留下同样的信息等内容。而留下这些信息的方式有多种，有的很微妙。

对我们来说，猫咪比狗狗的体味小——我们之所以喜欢养猫，原因之一就是它没有体味。但这只不过说明了我们是多么不同，以及我们对气味是多么不敏感。不过，猫咪的气味资源很多，每一种使用起来都略有不同。

猫咪的下巴、嘴唇、太阳穴、脖子、肩膀和尾巴根部的皮肤上都有皮脂腺，能散发出油性分泌物，带有猫咪特有的气味——猫咪自己的标志性气味。猫咪在梳理毛发时，不仅把毛发梳理得光滑漂亮，还会把这些皮脂腺的分泌物涂到各处毛发上。当猫咪蹭家里的东西、其他猫咪、狗狗、篱笆甚至蹭我们的时候，它就会把这种气味蹭到上面。同时，通过在物体上蹭下巴和嘴巴（它经常会对我们做的经典动作之一），就会把嘴巴里面腺体的分泌物直接蹭在上面。这个动作有个专门的名称——触击。猫咪似乎很享受这个动作，可能是因为留下来的气味给它一种

猫咪利用嘴巴周围的腺体在熟悉的物体上蹭上自己的气味。

猫咪对气味极其敏感，有些气味我们根本想象不到！

幸福感，让它觉得被自己的气味包围会很"舒适"。这和我们在家里放置一些饰物、相片和一些有特殊意义的小摆件一样，会感觉很个人化。

猫咪的另一个气味来源是爪子肉垫上的腺体。它们会分泌出一种汗液，让肉垫一直滑溜溜的，这样就能保持敏感度和柔软度。所以，如果猫咪挠树干（或沙发），它留下的不仅有抓痕，还有气味记号。

猫咪还会用尿液和粪便来留下信息。通常，它会在地上挖个洞，把屎尿埋起来，这样就不会泄露自己的位置。但猫咪也可能会用它的屎尿来昭示自己的出现，或者标记自己的领地。把屎尿留在室外叫"堆粪"，很多动物都会这样做。

猫咪可以非常高效地用尿来发出强大而持久的信号。这些信号都和猫咪鼻子一样强，这样任何一只路过的猫咪都会清晰闻到，这尿味还会在风中飘散。落在地上的尿液可能会渗下去，也可能会被泥土里的其他气味覆盖住。但是位置太低，不易被气流带起、传播。

猫咪解决这个问题的办法是喷洒尿液，无论公猫还是母猫。猫咪会采取一个非常有特点的姿势：尾巴高高竖起，紧接着颤动一下身体，同时用后脚划一下或踏一下地面。尿液会向后喷出，落在猫咪身后离地面10多厘米的东西上，且尿液的高度刚好是在其他路过猫咪的鼻子那里。这些气味记号消散后，猫咪会定期补充，以让气味更强大，信息更清晰。

位于这些"引起你注意"的气味之首的是一个就连我们这些对气味迟钝的人类都能识别的味道——未绝育公猫的尿味。这种"公猫香水"含有肛门腺体分泌物，气味非常浓。随着时间的推移，它的确会慢慢分解，但实在令人难以遗忘。

猫咪感觉受到威胁时，会表现出不适感，想方设法躲避别人的注意。

如果看到其他猫咪，猫咪会做出一系列身体语言，这些身体语言会证实气味信息。猫咪和狗狗不一样。狗狗是群居动物，必须要融入群体，还要考虑如何与群体中身份不同的狗狗交往。猫咪没有等级观念，不过它必须按照性格来交往——坚强还是紧张，暴虐还是友好。所以猫咪没有狗群中常见的那种用来表现屈服或支配、服从或友好的一系列体态和面部表情。不过，我们可能注意不到它们之间传递的大多数微妙的信号。所以，在很基础的层面上，猫咪可能会缩起身体，收起胡须、耳朵、四肢和尾巴，让自己看上去很小，不太引起别人的注意，看上去没什么威胁。如果被逼，它可能也会让自己看上去特别大，虚张声势——站到一边，毛发蓬松竖起，来防止对方进攻。第26页和第27页的图片上猫咪的面部表情和体态，是它们在传递不同信息时的常用表情和体态。

群居

正像我们在前面解释过的那样，猫咪的祖先是独居动物，但它们也可以群居，比如如果给野猫提供充足的资源（食物和洞穴），它们也能生活在一起。我们的宠物猫也经常会和别的猫咪或猫咪们一起生活，有时很融洽，有时却不行。我们还探讨了猫咪为了阻挡其他猫咪而留下的各种气味信息。可是如果它喜欢别的猫咪陪伴怎么办？这种情况下它会怎么做？

气味也可以被用作联系的纽带：熟悉的气味有助于猫咪产生安全感并放松下来。对于猫咪来说，我们的家有气味，狗狗有气味，我们有气味，当我们生活在一起，彼此拍拍

抱抱时，我们会把所有这些气味混合在一起，形成一种猫咪能够识别的群体气味。

在我们的家里，猫咪会用下巴和脸来蹭家具，或者互相蹭来蹭去，当然相处融洽的猫咪还会为对方清理毛发，甚至舔对方——这是气味混合和取样的终极形式。

最近，我们对这些气味有了略微深入的了解，因为科学家们研究了这些气味，并对其进行了人工合成。现在，这些合成气味已经被应用到了家庭、宠物诊所和其他一些猫咪可能会感觉有压力的地方，帮助它们放松下来。这些气味是怎么起作用的呢？据说，猫咪用脸来蹭家具时留下的气味能让它感觉幸福，同时这也是一个信号，表明这是一个安全的区域，它能放松下来。

如果有陌生猫咪来到你的家里并释放气味，你会注意到你自己的猫咪是多么不安。它在室内的安全小窝被外来者侵犯了，这会促使住家猫咪也在室内释放气味，使一切恢复原状，同时也找回自己"熟悉"的感觉。

如果你想把新猫带到家里来，和你的住家猫咪成为"朋友"，你要尽量理解这种情况代表了侵犯，并尝试用气味这种工具来促进两只猫咪的关系。新猫在被接受之前，身上还需要有"群体气味"，这可能会花些时间。

了解"气味"的作用还有助于我们理解

生活在一起的猫咪会拥有群体气味。

这一点：如果我们更换家具或地毯，或者重新装修，会给猫咪带来不安全感——我们除去了它熟悉的气味，又让它面对一些强烈的新气味。使用强力消毒剂或松针气味也会把猫咪留下的更细微的气味盖住。

如果想住得离别的猫咪近点儿，猫咪该怎么做

与不睦的猫咪相比，相处融洽的猫咪会有一套不同的身体语言。最明显的就是它们相处时特别放松。如果彼此不友好，猫咪会显得非常紧张。

对猫咪而言，行为并不总是能说明一切。嘶叫和打架属于极端行为，这背后的敌意很容易理解。然而大部分时间彼此不和的猫咪只是静静地坐着，看起来非常驯服，这样就不会引起另外一只猫的注意，不会受到攻击。它在走动时小心翼翼，非常安静，在进入房间之前会仔细查看，以防另一只猫在里面。它的体态还会更细微化，眼睛、耳朵发出更精细的信号，但对忙碌的我们来说，如果猫咪能在一个屋檐下共处而不打架，就意味着它们是最好的朋友了。事实往往并非如此。在食盆、猫砂盆边上，在猫咪从猫洞里出出进进时，它们往往会僵持不下。下一章我们会讨论该把猫咪的物品放在哪里，这样就不会在猫咪想使用它们时引起竞争。

猫咪的友好行为可以从一个最明显的地方看出来——母猫和小猫。小猫年龄小、生气勃勃，所以它的身体语言很夸张，还没有成猫所拥有的精细的感觉。因此观看小猫就像阅读一本字大、图大的书，一切都明明白白地摆在那里让我们看。

母猫回来看小猫时，小猫上前迎接，尾巴会竖起来，用鼻子去碰妈妈的鼻子，在妈妈身边蹭来蹭去，嗅妈妈，甚至嘴里还会发出呼噜声。头部和身体的触碰可以强化气味纽带，躺在一起、互相梳理皮毛都是很好的信号。相处愉快的猫咪会去寻找对方，互相依偎拥抱，一起玩耍，开心地共同进食。

通常，一群野猫里面会有彼此有关系的母猫和它们的小猫。年轻公猫会在猫群里待一段时间，然后离开群体，去寻找自己的领地。

即使是比邻而居、彼此有敌意的猫咪，也会在花园中开辟出一个"分享时段"，在不同的时间分别使用花园，因为它们不想每天都不得不面对对方，进行漫长而痛苦的意志斗争。猫咪尽量不会让大多数"战争"以打架的方式结束，因为这样会给它们造成伤害。相反，它们竞争的方式会是比拼对视，或者留下气味信息——别的猫咪能读出这些信息的内容，知道该及时躲开。

有些猫咪可能是互为好友。你可以从

嗅气味是猫咪辨认对方的一个重要步骤。

病猫可能需要一段时间来恢复身体，然后才能和留在家中的猫咪接近。

它们接近彼此的方式上看出——身子站得高高、抬起头、尾巴高高竖起、先去闻对方的尾巴然后闻对方的鼻子，它们并不害怕对方。一旦它们查看完毕，确定对方没有恶意，它们就会非常舒服地待在一起，互相梳理毛发，一起玩耍，或者依偎在一起。

不过，猫咪并不仅仅靠视觉来识别对方，气味至关重要。如果长期在一起开心生活的两只猫咪中有一只从家中离开一段时间，回来后气味变得不同，它们的关系就会破裂。这通常发生在一只猫咪生病了，不得不在住院的时候。如果它接受了手术，或吃着某种类型的药物，可能连行为都会跟从前不一样。曾有猫咪主人描述说留在家里的那只猫咪会使劲嗅回来的那只，同时反应非常激烈，甚至彻底决裂。从外面回来的那只猫咪的气味特征比它的真实存在更重要——如果不能确认闻到的是正确的气味，猫咪便无法识别它的同伴。这对人类来说可能很难理解——与猫咪和狗狗相比，我们的嗅觉特别差，没办法理解这一本能的强大力量，以及它可能引发的剧烈反应。

下面这几点可能会对你有帮助：

■ 把猫咪从外面带回时，用带有家里气味的毯子在篮子里垫上一圈，这样猫咪就又带有熟悉的气味了。

■ 不要立刻让两只猫咪接触。先让从外面回来的那只猫安顿下来，让它吸收家里的气味，但要把它放在另一个房间。你可以先抚摸或梳理一只猫，然后再抚摸或梳理另外一只，加速它们的气味混合过程，抚摸要集中在脸部区域（这里有大量气味腺体）。从医院回来的那只猫身上的手术的味道会逐渐消失，同时开始吸收家里的味道，这样留在家中的那只猫咪就会感觉很熟悉、很舒服。

■ 不要着急，从容一些，让猫咪们慢慢适应。如果从外面回来的那只猫身体不适，或者刚刚动完手术，它可能会感觉很脆弱，或反应很强烈，这时它需要静静地安顿下来，不能让它处于防御状态。

相处融洽的猫咪会依偎在一起。

第三章

猫咪的小癖好

猫咪是神秘的生灵，这也是它们如此吸引我们的原因之一。它们看待生命的视角与我们的完全不同，但我们在试图理解它们的过程中常常将它们的行为人格化，并为它们所做的一些事情找人类这样做的原因。本章收集了一些人们常问的关于猫咪的问题，以及它们为何要做那些事情，我们为了控制（或试图控制）它们的生活而采取的一些手段对它们产生了怎样的影响。这些问题的采集比较分散，不过如果把它们集中在一起，会有助于我们了解做一只猫咪、与猫咪共同生活是什么样的感觉。

猫咪为何要发出咕噜声

发咕噜声是猫咪的一个神奇的习性，我们还不能完全理解它们究竟是怎么做到的。不仅家猫会发咕噜声，很多猫科家族的大型

成员也会制造这种有节奏的颤动。对于猫咪主人来说，这是一个令他们很欣慰的声音，或许是因为我们知道：猫咪只有在特定时段才会这样做，这多少会令人感觉有特殊意义。猫咪的咕噜声既是听觉性质的，也是物理性质的。

不过，我们之所以喜欢这种声音，可能更多的是一种本能反应。猫咪的咕噜声频率比较恒定，一般是每秒 25 声，给人的感觉就像心跳，的确令人非常放松，非常愉悦。此外，还因为猫咪通常在特别放松的情况下才会对我们展示这种行为。

的确，发出咕噜声是从猫咪的童年时代开始的。猫咪虽然是捕猎者，但它体型也很小，自己也很容易沦为猎物。因此，养育小猫的时期对猫咪来说险象环生——母猫更为脆弱，因为它必须待在窝里哺育小猫，而且还要捕获更多猎物，这样才能喂饱自己，产出乳汁，之后还要为小猫觅食。小猫也很脆弱，因为体型更小，母猫出去捕猎的时候不得不把它们单独留在窝里。当它回到窝里后，会用咕噜声做信号，告诉小猫一切都平安无事。小猫就会过来吃奶，同时嘴里也发出咕噜声，让母猫知道它们也很好。小猫咪躲在妈妈温暖的肚皮下面吃着奶，嘴里还咕噜咕噜地回应着，该有多么心满意足！

猫咪受到伤害或生病时也会发出咕噜声，也许是为了重温咕噜声带给它心定和安全的感觉。有些人甚至认为，咕噜声本来便有疗愈作用，可以让猫咪保持健康，但目前还没有任何科学证据来支撑这种观点。

近期的一项研究发现：猫咪还能发出一种表达乞求的咕噜声。它和表达心满意足的咕噜声不同，频率非常高，可以引发人类大脑中的急迫感。

猫咪为何用爪子揉捏

　　小猫咪在吃奶时会用爪子揉妈妈的乳房，来刺激乳汁从乳腺流出。猫咪长大后，虽然已是成年猫，但当它坐在我们的膝盖上时，往往也喜欢在发出咕噜声的同时，用小爪子拍打我们。有的猫咪这时候甚至还会流口水，这证明这些行为之间是有联系的：猫咪揉捏的行为与大脑里与进食相关的区域相关联，因此猫咪会因期待乳汁而流口水。

　　在这种情况下，猫咪是否把人类当成了"妈妈"，这一点我们还无法真正了解。不过，我们应该感到荣幸：它和我们相处时太放松了，以致表现出幼年时期的行为。

揉捏是小猫咪的一种行为，可以刺激乳汁分泌。

猫咪的舌头为何比狗狗的舌头粗糙

　　猫咪在各方面的自我控制力都比狗狗要强。比如猫咪会给自己梳理毛发，还会让自己全身保持干净，是因为它有一个特别神奇的工具——舌头，可以干好几样事，但要比狗狗的舌头粗糙，当它舔你时，感觉很明显。猫咪的舌头是一把内置式梳子，舌头表面布

满了钩子形状的倒刺。当猫咪用舌头梳理毛发时，这些倒刺能把毛发分开，把死毛发、头皮屑和寄生虫刮下来，让猫咪的毛发平整顺滑，处于完美状态，这样一旦毛发被弄皱或弄乱，猫咪就能知道。这些倒刺还能让猫咪把肉从骨头上舔下来，如果它需要的话。

　　当然，舌头也是猫咪的味觉器官，它那勺子的形状还很适合舔水——真是个多功能器官。

猫咪为何要玩弄猎物

　　每当看到猫咪玩弄猎物时，猫咪的主人都会不高兴，特别是当猎物还活着的时候——看起来太残酷了。有种看法是：猫咪

更喜欢玩弄"危险"的礼物，比如老鼠，这样可以练习自己操纵和摆弄猎物的能力，同时避免被猎物咬到。也有可能是猫咪还没掌握如何发起最后致命的一咬，或者还没学会如何正确操作，所以不能干净利落地进行最后一步。这样就需要猎物动来动去，来让猫咪一直对它有兴趣，想把它杀死，而把猎物甩来甩去才会让其有所动作。当然，也有可能是猫咪纯粹享受这个捕猎游戏。

为何有些猫咪喵喵叫，有些却不

研究人员发现，猫咪有 16 种不同的发音模式，尽管它可能会增加一些仅用于与其主人相处的个性化声音。猫咪的发音方式和我们不一样。它可以一边发声，一边呼吸，所以不需要像我们那样用舌头来发出声音。相反，它的声音是从喉咙深处发出的——把气流以不同速度从声带上方推送过去，通过改变喉咙的张力来变换声音特性。

猫咪发出的声音可以分成三类：迎接我们时发出的咕噜声或细微的吱吱声；感到恐惧或激动时发出的声音，如嘶嘶声、吐口水声、痛苦的呻吟声、公猫的嚎叫声和母猫发

情时的叫声；还有喵喵的叫声。猫咪可以操控喵喵声，在不同的情境下给人的感觉完全不同——时而乞求，时而愤怒，时而热情，时而控诉。

猫咪的品种不同，跟我们"谈话"内容的多少也不同。有些品种的猫咪要明显聒噪，为首的便是暹罗猫，缅甸猫也比较爱交流。

不同猫咪的"会话"水平也有极大差别，造成这个现象的部分原因是我们对它"讲话"的方式不同。如果猫咪朝我们喵喵叫时我们做出回应，问它需要什么，并用一些东西（如我们的关注或食物）犒赏它，那么它下次就很可能还会这样做。的确，它正是以这种方式来训练我们做出反应，并用交谈来犒赏我们。

我们大多数人都喜欢猫咪同我们讲话，并且会鼓励它与我们互动。所有交流中最打动人的便是"无言的喵喵声"——猫咪做出了张开嘴喵喵叫的口型，却没有发出任何声音。这可能是最让人无法拒绝的请求了。目前，还无法真正了解它为什么要这样做、又是如何做到这一点的。不过，如果我们对它的请求做出回应，那便是巨大的鼓励，它肯定会再次这样做！

猫咪为何会"疯狂半小时"

问得好！我们已经知道猫咪常用的捕猎技巧是尽可能偷偷靠近猎物，然后以迅雷不及掩耳之势纵身一跃，发起进攻，在猎物毫无准备的情况下将它们擒获。如果你曾看到过猫咪跳得比它身高的几倍还要高，你就知道它需要有一个多么结实而柔韧的身体。的确，在猫咪那毛茸茸的外表下，掩藏着很多

令人惊叹的感觉和天赋。如果有必要，它可以快如闪电，而且它身体的灵活度让人感到惊异：可以梳理自己身体的每一部分，除了脸和后脑勺。

你的宠物猫天生就具备这一切。当它从小学习本领时，跟别的小动物没什么两样：充满活力，很容易激动起来。不过，猫咪就像法拉利——完美协调、动力强大，一下子就会开足马力。可能小猫咪的热情和能量有时会过头，会时不时地失控，疯狂地玩上半小时。这也是一次很好的锻炼，是测试自己的肌肉和速度的机会——如果小猫咪整天躺在家里，这两样东西根本用不上。

喜欢爬墙、爬窗帘的不仅是小猫咪，老猫也会"疯狂半小时"。看老猫这样做你会感到莫名地有趣：它好像又变成了疯狂的小猫咪。不过它可能不再爬窗帘了——大部分原因是因为它太重，窗帘可能会掉下来，但老猫依然可以绕着家具转圈！

猫咪为何不喜欢坐车

就像我们看到的那样，猫咪对自己领地的热爱有时甚至超过对主人的依恋。所以猫咪和狗狗不一样——不管到哪里，狗狗都习惯于离开自己的领地，迫切地想待在狗群里（或者狗群的替代品——它的主人）。猫咪可不喜欢离开自己的领地，这会让它感觉很无助。即使有我们在，它也不会感觉特别安心——我们的存在并不能帮助它预测在这个新领地中会发生什么，它也无法确信我们一定会保护它。猫咪可能还会对行进中的汽车更为敏感——它有非常敏锐的平衡感，所以汽车的移动可能会令它不适，会感觉自己无法控制局面。对它来说，汽车的声音和味道也很奇怪。

所有这些都让猫咪非常紧张。记住：你的猫咪可能只在去宠物医院或家猫寄养所时才会坐车，所以它会把出行与离开自己的舒适区、干一些奇怪的事情联系在一起。不过，很多育猫人会带他们的猫咪去全国各处看演出，有些猫咪似乎就很适应旅行，个别猫咪也很喜欢和主人一起出去度假，所以猫咪对汽车的态度并不都是负面的。和很多其他事情一样，如果猫咪从小就开始坐车，它就不会那么害怕，而是从容应对，甚至会习以为常。

猫咪为何很难训练

狗狗会接受主人的命令——如果接受训练的话；可是猫咪却很少听主人的话，我们也很少训练猫咪。这是否意味着狗狗比猫咪智商高？可猫咪也可以摆脱宠物猫的标

签，毫不含糊地在野外生存，或许这才是高智商的真正标志——也许高智商意味着并不因为别人下命令就去做一件看起来没有意义的事。

如果用动物对我们训练它的意图的反应来评价的话，那么必须要考虑一下我们究竟是怎样做的，到底是什么让它产生服从我们的动力。为了让动物干事情，首先需要让它明白我们的意愿，然后让它确实想做这件事。对于狗狗来说，有很多动力。作为社会动物，如果它待在我们（狗群替代品）身边，会获得奖励，可能还会"感觉良好"。我们对它的关注便是奖励，因为这让它感觉自己是集体的一部分；当然，还有食物——对大多数犬科动物来说，这都是强大的动力。但什么能驱动猫咪呢？也许是它心爱的美食——一只虾、一条烟熏鲑鱼？有时候是这样，有时候又不是。那么关注呢？有时是——这要视猫咪而定，有时又不是！

不过确实有人训练猫咪——它可以钻火圈，可以按主人的命令坐下，一旦主人招呼，它也会过去。

猫咪为何要磨牙

磨牙声是猫咪发出的一种非常奇怪的声音。不过，你可能根本听不到。听猫咪磨牙的最好机会，是有鸟儿出现在窗外的时候——可能鸟儿落在喂鸟器上，猫咪想过去又去不了，只能盯着它看。猫咪可能会走到窗边，或者坐下来，发出这种奇怪的磨牙声——可能是激动，也可能是沮丧，也可能兼而有之。我们其实并不知道是怎么回事。

猫咪为何不喜欢被人挠肚皮

猫咪的后面和前面都武装得很好。这样的武器和飞快地移动速度使得猫咪成为一种具有很强防御能力的动物——前提是猫咪要面对威胁，可以使用自己的武器。然而，猫咪的胃部是个非常脆弱的区域，破坏这个部位就能碰到猫咪重要的生命器官，会给它带来危及生命的伤害。因此，猫咪对自己的胃部严防死守，有些猫咪不喜欢别人触碰这个区域。如果猫咪让你挠它的肚皮，这表示它非常放松，而且对你很信任。

有的猫咪可以容忍别人挠它的肚皮，甚至很享受。但对有些猫咪来说，这是个禁区。

抚摸猫咪肚皮时，它为何抓住你的手

这个问题的答案紧接着上面一个问题。即使猫咪很放松，一般情况下让你抚摸或挠它的肚皮，它也可能突然感觉特别脆弱，这时它的自动防御机制就会被激活，接着就会不假思索地进入"抓住你的手、用后腿踢你"的模式。

如果你的猫咪这样做，告诉你一个秘密武器：只稍稍挠猫咪的肚皮一小会儿，然后立刻停住，防止猫咪做出反应。这样它就不会进入防御状态，你们之间的每次微小的互动都会非常放松、愉悦。仔细看猫咪的脸——如果它的耳朵开始向后折去，尾巴慢慢抽搐，或者瞳孔放大，让你感觉它的眼睛似乎全部变黑，这时它可能就要有反应了。这些迹象都在提示你：猫咪感觉特别脆弱，它的头脑里开始产生怀疑。所以必须要学会"读懂"猫咪的心理和行为——这很好玩，也令人满足。

猫咪为何要吃草

虽然猫咪是专门食肉的动物，一般不会主动吃水果和蔬菜，但它却喜欢吃草。可能这有助于将食物或毛球推进它的消化道（或上或下），也可能会提供它所需要的维生素或微量元素，真实情况我们便不得而知了。

不过，一旦有机会，猫咪还是很喜欢吃草，所以一定要在室内给它准备一些，这一点特别重要。可以从花园中拔一些或买点草籽种起来，又或者从宠物店买点猫咪专用草套装。猫咪如果吃不到草或其他无害药草，

猫咪虽然是食肉动物，但它也需要咀嚼草类。

可能会去吃一些一般情况下不会碰的植物样本，这样可能会因为吃一些有害盆栽植物和切花如百合，而导致消化不良。出于这个考虑，在室内养猫的人一定要挪开任何可能给它带来危害的植物，保证它能接触到的是安全植物，如草、猫薄荷或其他合适的药草。

猫咪为何讨厌喷雾

幸运的是，现在我们有很棒的办法来对付猫咪身上的跳蚤：我们只需要把它抹在猫咪脖子后面就可以了（参见102页和110页）。然而，就在不久前，我们还用喷雾的方式处理跳蚤——喷雾里往往含有有机磷酸酯，猫咪只要一看到喷雾瓶，就会吓得躲到床底下，或者跑到花园里。

猫咪似乎真的害怕喷雾，可能有几个原因。首先，如果猫咪感觉受到威胁或者被逼入死角，或者受到惊吓，它就会嘶叫，这是一种爆破音。这个行为会令猫咪张开粉红色的嘴巴，牙齿也会暴露出来——这个样子很容易看到，挑起猫咪愤怒的动物或人会感觉当猫咪嘶叫时，空气中有气流在振动。所以

会嘶叫的罐子！猫咪会尽可能地躲避喷雾。

猫咪其实并不喜欢让发出嘶嘶声的东西靠近它。其次，猫咪身上有非常敏感的毛发力场，让它能"感觉"到自己身在何处——如果在夜里捕猎，这一点特别有用。喷雾会启动这些触觉接收器，猫咪可能并不理解为何会这样，也不喜欢这种感觉。对于猫咪来说，喷雾中化学制剂的味道可能也太强烈。

如何让猫咪不进花（菜）园

猫咪总是能知道谁家的花（菜）园打理得最好、土壤最柔软。对猫咪来说，没有比一片受到精心照料的花（菜）园更好的公厕了，但你希望蔬菜长得新鲜漂亮，这会让你头疼，多少还会有点不快。不过，猫咪这样做可不是为了惹恼你，只是因为你那片地对它实在太有吸引力了。猫咪本能地会在土里挖个坑，在里面拉屎撒尿，然后再把粪便和尿液埋起来。所以，如果它自己那片地冻住了、像石头一样硬，或者被压实、被铺了路面，它就不得不另找地方来解决自己的本能需求。

人们想出了各种各样的法子来将猫咪从花（菜）园赶走。有人在菜地周围或上面竖起一圈蒺藜篱笆——特别是长出幼苗的时候；在菜地四周放置一些空的碳酸饮料瓶（我不知道这个方法的原理是什么，但有些人说确实有用）；在菜地周围种一圈令猫咪讨厌的防猫植物；喷洒能买的防猫喷雾（不过下雨的话就会被冲掉）；还有就是让自己的猫咪或狗狗看守花园，不让别的猫咪进来（可能有点过分，不过确实有用）。

如果你事先安排得很好，其实可以在播种后在土上罩一层细铁丝网，可以防止猫咪把土翻起，小苗也可以顺利成长。有的人会使用超声波防猫仪——可能有用，也可能没用，也许值得一试。它的原理是能制造一种高音（比我们能听到的频率要高），这种声音让猫咪听起来不舒服，它就会去别的地方。给猫咪在远离主菜园之外的地方提供一片土壤柔软、精心侍弄的区域也很有用。

记住要把孩子们不玩的沙坑和沙箱盖住。对猫咪来说，这些是所有厕所中最具诱惑力的，因为里面的沙子特别松软，很容易挖坑，所以如果猫咪选择了这个地方，也不能怪猫咪。

精心打理的花（菜）园是猫咪的完美猫砂盘！

如何让猫咪的第一次外出尽可能安全

如果你新养了一只成猫，第一步是要把它放在家里关上几星期，让它熟悉一下房子，然后再放它到外面去。如果你养的是小猫咪，可以考虑在它打好全部疫苗、做了绝育手术并已恢复后让它出去。这时小猫咪可能已有5个月大，但依然很小，所以最开始时最好能控制一下它的外出时间。根据你的居住环境和花园中可能存在的危险情况，可能必须在有你的陪伴时才能让它出去，这样它就不会自己惹麻烦。如果成猫或小猫咪都是通过猫洞在花园进进出出（参见84页），一定要确保它知道如何使用猫洞，否则它可能会感觉自己被关在了外面。如果天气很好，你可以干脆把门打开，带猫咪在花园里逛逛。

要让成猫或小猫咪习惯于听到你的喊声就过来，这很有用——可以通过给它一些小零食的方式来训练，这样它就很愿意回应你。

之后你再出去喊它回来就会容易一点儿。

第一次带它出去时，要选一个一天中安静的时刻。前几次出门最好躲开其他猫咪、可能会叫的狗狗或者在花园中尖叫的邻居的孩子等容易引起猫咪激动的事物，这样你的猫咪就能将全部注意力放在你身上，不会被吓到。在外面的花园里快快散步一会儿就要把你的猫咪叫回来，给它吃（喝）的。可以在猫咪开饭前把它喊回来，还可以推迟开饭，这样猫咪会有点饥饿，会因为期待吃饭而更愿意跟着你回来。当猫咪和你在外面散步时，要让它保持安静、愉悦的状态，还要让它学会如何找到回家的路。

慢慢地，可以让它出去的时间稍微长一点，也可以尝试着让它走远一点。当然，外面总会有各种各样的危险，你可以把风险降到最低——竖起一道栅栏，让猫咪不要跑到马路上去（年纪大一点的猫咪可能不像幼猫那样能攀过很高的地方到远处去）。还要尽量让猫咪养成晚上回家的习惯。

有些人养的是成猫，这些猫咪之前从未出过门，所以主人会担心它是否能适应外面广阔的天地。不过，猫咪的适应能力是惊人的，很多例子证明：大部分时间一直在室内生活的猫咪会非常珍惜到外面新环境中玩耍的机会，起初可能会有点紧张，但大部分很快就适应了，就像初次下水的鸭子一样。有些猫咪甚至还会捕猎。只要有机会做自己天生会做的事情，猫咪身上沉睡的本能行为便会苏醒过来，真的很神奇。

怎样带猫咪搬家最好

搬家可能是人生中最令人紧张的时刻之一。让我们感到痛苦的并不仅仅是在等待买主期间把房子打扫干净，也不只是一切都已顺利完成、开始打包。在猫咪明白要发生什么事情、逃跑之前把它抓住，然后当你到了新家后再让它熟悉新环境——这些绝对会延长你的紧张感！

当你搬家的时候，猫咪会有第六感，知道要发生什么事情。事实上它从你那里可以获得各种线索，比如日常生活和情绪的变化、你的兴奋和焦虑、散发奇怪气味的箱子和家具——平常家里并没有这些东西。如果这些令它感到不安，它可能会找一个让自己感觉安全的地方躲起来，直到有了安全感再出来。当然，也可能是在搬家公司的货车和全家人都离开之后！所以如果搬家的话，除了整理那些必须要整理的东西外，还要考虑一下猫咪。

如果你搬得不远，可以在搬家前几天把猫咪放在猫咪寄养处，等搬好后过几天再把猫咪带到新家里，这时家具都已到位，一切也基本恢复如常。不过，如果你是长途搬家，这样做就不现实了。因为你还得回来取猫，所以通常都是带着猫咪一道搬家。

提前做好打算，在搬家前那个晚上把猫咪关在家里，这样它就不会在最后一分钟消失。搬家那天找一个能锁门的安静的房间，这样猫咪就可以静静地、安全地待在里面——卫生间往往挺合适，因为里面几乎没什么要搬出来的（只要家里还有另外一个卫生间供人使用，并且要在门上贴上标志，提醒大家猫咪在里面）。把猫咪平时睡的床和猫砂盘、食物一道（你肯定不想在带猫咪出门前还得喂饱它）放进去，然后全家人就可以该干什么干什么了。

当你把所有东西都放到货车上后，把猫咪放到篮子里（最好在"静候室"里就把篮

一定要先把猫咪安全地放在猫篮里，然后放到车中（不是搬家货车），最后带到新家。

子准备好，里面放一件带有猫咪熟悉的味道的衣物或垫子），然后把猫咪放进车里，准备启程。

如果你的旅途很长，可能需要中途停车，要给猫咪喂点水，让它用一下猫砂盘。做这些的时候一定要保证猫咪安全地待在车里，确保窗户全都是关的，然后再让猫咪从篮子里出来。最糟糕的不是把猫咪忘在旧家里，而是半路上把它弄丢了！如果旅途中天气很热，一定要注意：猫篮子放在车后面，挤在各种杂物中间，太阳照进来，车里会特别热，千万不能让猫咪热过头。如果停车喝咖啡，不要把猫咪留在关闭着的车里，哪怕仅仅是几分钟，车里的气温也会急剧升高，猫咪可能会中暑。这是常识，但搬家时你要面面俱到，这些事情很容易被忽视。

到了新家后，我们通常建议让猫咪在屋里待几个星期，这样它可以熟悉新领地。当猫咪在新家中逐渐感到安全后，再让它出去。不同的猫咪表现也不同，有些自信的猫咪可能没过几天就会开开心心地到外面去，不会对新环境感到惊惶，也能开心地找到回家的路；有的猫咪可能需要的时间长些，然后它的主人才有信心让它出去。

有些猫咪比别的猫咪更喜欢待在家里。如果你的是这种居家猫咪，可能你必须要主动一点，多和它互动，和它玩捕猎和寻找食物的游戏，这可以帮助它释放一些被压抑的能量，满足它的捕猎天性。你还可以尝试用牵引绳带它出去，不过很多成猫不喜欢这种被束缚的感觉，反应很大——这种事最好在猫咪还小的时候就开始。如果实在想尝试，可以先在室内给猫咪戴上，让它适应一下，

如果可能的话，让猫咪在新家待上2周，这样它会喜欢上新家。

并且在外面非常安静、不会发生任何让猫咪惊慌的事情的时候才带它出去。因为跑不掉的感觉会让猫咪特别紧张，猫咪在牵引绳的另一头不停地打转也是很恐怖的事（参见148页）。

如果你的新家离旧家不远，猫咪有可能会重新光临它的旧领地、旧路线，还有可能回到你的旧家。无论把猫咪关在新家里多久，这都有可能发生。所以一定要让你的新家尽可能地有吸引力——给猫咪铺一张温馨的床，给它准备很多小零食，让它感兴趣，愿意待在你身边。也可以用一种人工合成的猫咪情绪舒缓信息素，能让猫咪更自信、更放松，有助于它喜欢上新家。

如何阻止猫咪捕猎

你应该已经意识到猫咪之所以有这样的外表和行为，是因为它是一名猎手。上百万年的进化给了猫咪特定的感觉和身体结构，

让它长于此道。所以，我们无法消除这一动机，但可以对此稍加控制，具体做法便是改变猫咪出去的时间，比如清晨和黄昏时把它关在家里，因为这时小动物最活跃。

当然，鸟儿在白天也很活跃，冬天的几个月里，用食物把它们吸引到我们的花园里来，这给了猫咪一个充满诱惑的觊觎的机会。所以，是否要保护我们喂养和吸引来的小鸟，还要由我们来决定。有些方法很实际——确保放置喂鸟器的桌子足够高，猫咪不容易够得到；把喂鸟器挂到高高的杆子上，猫咪爬不上去；让喂鸟器远离猫咪可以借力的设施。不要把喂鸟器放在灌木丛或其他一些猫咪可以用于躲藏的东西附近。挂喂鸟器的时候把它放在支架或枝条上，猫咪够不到。

你可能注意到英国皇家鸟类保护协会正在研究猫咪项圈上的铃铛或超声波设备是否能减少被猫咪捕获的猎物的数量。有时候这似乎是个势不两立的话题。但是，如果你认为猫咪支持者和鸟类支持者是两个水火不容的组织，老死不相往来，那你就大错特错了。的确，英国皇家鸟类保护协会在进行这项研

究时咨询了猫咪咨询局和皇家防止虐待动物协会，确保他们使用的项圈质量安全，同时也保证猫咪都是仔细挑选出来的。他们还从自己养猫的会员中招募了一些猫咪来试戴项圈——很多养猫的人同时也是爱鸟人士。动物权益机构对这次调查的结果非常感兴趣，或许他们很高兴，资助和实施这一研究的是英国皇家鸟类保护协会。正确、科学地进行这样一项研究可不是件小事，需要强大的财政投资。

如果看到过猫咪捕猎，你就会发现它通常会静静地待在那里不动，或者极慢、极慢地向前移动，然后发起最后一击，这时猎物想要逃跑已经来不及，太迟了。所以铃铛是否有用，似乎很令人生疑。不过，该研究显示：铃铛和超声波发声器的确能将被猫咪捕获的猎物的数量减少一半。

那么，知道了这层信息，猫咪主人该怎么办？当然，这里出现了一些棘手的问题，如项圈和佩戴项圈的猫咪的安全（关于项圈的佩戴问题参见 148 页），但最重要的是挑选一条安全的项圈，还应仔细检查一下铃铛。有些铃铛有细小裂缝，可能会勾住猫咪的爪

子——比如，当猫咪挠脖子时。这是个小细节，但我们需要保证猫咪的安全。

猫咪的脖子上整天挂个叮当响的铃铛，这是不是太残酷了？如果让猫咪来选择，它是不会挂铃铛的。然而，很多猫咪主人都让自己的猫咪挂铃铛，作为识别身份的工具（如果猫咪走丢了，或是被汽车压倒，人们可以通过铃铛上的主人名字去联系他们），铃铛上还可以安装磁铁或电子装置，让猫咪能够打开猫洞。所以说给猫咪添置铃铛并不会增加风险。

然而，我们并非与世隔绝。鸟类已经面临来自很多方面的压力——没有了栖息地，汽车对它们构成威胁，此外还有很多其他风险。英国皇家鸟类保护协会并非就鸟类数目减少而指责猫咪，但他们承认猫咪是给现在已经濒危的一些鸟类造成压力的众多因素之一。如果铃铛能起作用（皇家鸟类保护协会认为至少能有些帮助），那么我们就需要留意一下自己养的猫咪，权衡一下利弊。很多猫咪什么都不抓，而有的猫咪则是强大的猎手。年龄也是个因素——1~3岁活跃的猫咪需要消耗能量，热爱户外运动，它们应该是佩戴铃铛的首选。而老一点的猫咪只想闷头吃食盆里的猫粮，或者找个暖和的地方打盹，

捕猎是猫咪的天性！不过，猫咪主人可以尝试一些别的办法，阻止它猎杀小动物。

它们可能就不需要铃铛了。

那么，动物安全的终极解决办法——把猫咪关在屋里？这同样也是一个需要权衡利弊的选择。就我个人而言，我宁愿让我的猫咪待在外面，哪怕有潜在的抓捕猎物的风险，哪怕对猫咪有危险，哪怕或许还有其他因戴项圈或叮当响的铃铛而招致的风险，我依然觉得户外生活、让猫咪做一只猫咪大有益处，其优势集中体现在猫咪的心理健康、体育锻炼和独立性等方面。每个人都必须了解自己的猫咪及其习性，了解它的居住环境可能存在的风险，以及周围有哪些野生动物，并据此做出自己的决定。

如何成功介绍新来的猫咪

如果把一只成猫或小猫咪带到家里来，那么对所有相关的人来说，都是件特别令人紧张的事。确实，通常把狗狗介绍给猫咪比猫咪之间互相介绍还要轻松一些。这是因为，猫咪不会把狗狗当作与它争夺资源的竞争对手，只需要适应狗狗闹腾的行为、学着面对狗狗以防止被狗狗追，但这个过程通常发生得很快，比我们想象得要容易得多。猫与猫的交往更令人头疼。

很多猫咪都不愿意热情欢迎新来的猫咪，了解这一点是我们试图撮合它们、让它们最终成为朋友而非敌人的关键。即使是非常热衷于社交的猫咪，如果家里来了一只新猫咪，它一开始也是十分戒备。还记得我们的猫咪必须要保卫领地才能拥有充足的资源来生存下去的天性吗？其实，这个天性依然潜伏在备受宠爱的猫咪的身躯里。是的，你给猫咪提供了远远大于它需求的食物，它有

在猫咪的关系中，介绍猫咪认识可能成功，也可能失败。慢慢掌握要领，会有很大的不同。

永远没有机会让它们和睦相处。猫咪可不是宽宏大量的动物，一旦它认为某样东西构成了威胁，便会迅速做出反应，根本无法纠正这个观点。

首先想想猫咪，想想气味。你家里应该有了一种你的住家猫咪很熟悉的气味"特征"，它可能是由家里所有的东西构成的——狗狗、孩子、娱乐设施、清扫工具、你喜欢的食物等，所有这一切都和住家猫咪在家里涂抹的气味混合在一起：所有家具的边角都被猫咪的下巴和脸蛋蹭过，门框也被猫咪的毛发擦过，地毯上也全是猫抓的痕迹和猫爪子的气味。你的家已经完全被猫咪占领。

你必须要做的事是要让新猫咪吸收家里的气味，与那个被接受的家庭气味完全融为一体，想方设法让两只猫咪的气味融合。你现在做的工作是看不见摸不着的，但要有信心，一定会有效果！把新猫咪放到它自己的房间里，最好给它一个狗窝或猫窝，或者一个可以当窝的大笼子也行。你可以把它的床

各种各样的床和窝，但那个警钟依然在本能地敲响。即使是群居的野猫（主要由互相有关系的母猫和它们的后代组成，公猫成年以后就会离群去做自己的事情），如果来了一只"陌生的"猫咪，也会被赶跑。

所以，第一件事便是要保证有足够的资源分配给家里的猫咪们。但仅仅把很多盘猫粮摆在一起并不能有效解决问题。食物放在哪里、猫咪在那里和别的猫咪一起抢食时是否感觉不舒服、是否有让猫咪感觉安全的进食场所、该准备几个猫砂盆、猫砂盆该放在哪里，这些都有助于减少猫咪被抢了地盘的感觉。对于新来的猫咪来说，它要得到自己需要的东西，但同时也侵入了住家猫咪领地的关键区域，这些安排有助于它克服这一困难。无论对哪只猫咪，都不容易，所以你需要敏感一些，最重要的是，要有耐心。两只猫咪都需要一个能让它们放松的窝。

不要心痒难禁，直接打开猫篮，让新来的猫咪毫无顾忌地闯进住家猫咪的家，让它们"正面交锋"。如果开端很糟糕，你可能

放在里面，在介绍两只猫咪相识时，你也可以继续使用这个笼子。如果没有，起码要保证有一只猫篮（后面会用到）。

一般第一个星期要把两只猫分开。先抚摸一只猫，然后再抚摸另一只；拿一块柔软的棉布，擦拭新猫咪的脸部四周和下巴下面，然后用这块布轻轻拍打家里和猫咪脑袋处于同一高度的地方。你得把新猫咪的气味融入家庭气味中，这样它的气味就不会显得特别突兀。相反，它会带有一些为住家猫咪所熟悉的气味。这会花费一些时间，但它会给新猫咪一个熟悉你、熟悉新环境的机会，这样新猫咪就不会焦虑。可以让一只猫待在房间里，然后换另一只进去，但先不要让它们碰面。有些行为学家认为可以让它们透过玻璃门看到彼此，这样虽然尚未见面，但它们已经略微熟悉了对方的存在。

猫咪的第一次见面一定要在你的掌控之下——最糟糕的便是一只猫追逐另一只，发生暴力行为。这时，你前面准备的笼子或猫窝就派上用场了。住家猫咪看到里面的新猫咪后，就可以把气味和视觉联系在一起，进行察看，不过非常安全。可以把笼子搬到一个你常待的房间里，比如厨房或客厅，这样笼子处于家庭的中心，会很安全。理想的情况是：住家猫咪在嘶叫一阵后，最初的震惊

会消退，开始打量新猫咪，喜欢上它的气味，把它当成生活和家庭的一部分。

继续混合气味，不要停止，也继续考虑猫咪的想法。渐渐地，当一切都平静下来、冷静下来，比如你正在看电视，房间的感觉非常温馨，这时可以让新猫咪从笼子里出来。要确保两只猫咪都有地方可以躲（高一点的地方比较好），当它们共处一室却相安无事时，给它们奖励，要让新猫咪和住家猫咪对对方的存在产生美好的联想。

如果你出门，一定要小心，不能发生任何坏事情，除非将两只猫咪分开。如果它们有一次糟糕的冲突，你又要重新回到老路上。

你能有多成功，取决于几件事，特别是你的住家猫咪是否愿意接受家里增添一只新猫咪——有些愿意，有些不愿意，还要考虑新猫咪是否希望自己被接受。不过，在你慢慢使新来者融入家庭时，你同时给它俩提供了一个最好的机会。有些猫咪几天过后便会依偎在一起，似乎成了朋友，但对于有些猫咪，最好的期望便是它们能共处一室而相安无事，不过彼此距离很远。向前推进时要不断审视它们的情况。这些事情可能会花上几个月，所以不要轻易放弃。如果几周后你打算让新猫咪出门，那么这会给它们更多可操作的空间。

通常，介绍新来的小猫咪要比介绍成猫容易——没那么大的威胁。也许是因为小猫咪身上没有成猫的气味，或者它身上的某种气味类型让它更容易被接受，也可能它的身体语言和行动不太有威胁力。小猫咪也更温顺，更容易与住家猫咪合得来——因为它还不太懂猫咪间的区别，本身也没有防御性（还没有领地意识），也没有被外面陌生猫咪欺

负过。不过，上百万只猫咪都被成功地带进了新家，所以它也可以，而且一定行。

可以让多少只猫咪住在家里

人们很容易"收集"猫咪——它们漂亮得让我们上瘾，娇小玲珑，还很好养；即使不和，也不会打架，而是自己抽身离开。然而，很多时候猫咪会感到紧张，只是主人没有注意到。它可能会在屋里喷尿，或随地大小便——因为当它感到焦虑时，会想要应对这种情形，这时主人可能才开始注意。

如果你养了两只猫，它们相处友好，这时想再添一只，一定要三思。如果你养了三只猫，它们平安无事地在一起，那你真是福星高照，千万不要再养了！不断往家里领猫咪的麻烦更多地在于，令你头疼的不仅仅是几只住家猫咪和新猫咪之间的关系，它会打破住家猫咪的整个平静的关系，随着紧张和焦虑不断升级，它们之间也会出现更多问题。

若想养两只猫，并让它们和平共处，最好的办法是养兄弟姐妹。它们会一起长大，这通常预示着未来会有良好的关系。

如何向狗狗介绍猫咪

我们习惯于认为猫咪把狗狗视为敌人（可能是受动画片《猫和老鼠》的影响）。

虽然最开始它们作为陌生的个体会警惕对方，但它们可以和平共处，而且往往也确实相处得很好。的确，猫咪和狗狗没有直接竞争关系，它们可能会比两只猫咪相处得更融洽。

若想成功将猫咪和狗狗介绍给彼此，有几个决定性因素，其中包括狗狗的品种、年龄和它的受控程度。有的猫咪和狗狗亲密无间，这通常是很早便友好相处的结果，也因为它们都是比较爱社交的品种，不过主人仔细、耐心的引介也可以促成这种友谊。

如果狗狗或猫咪之前有过和对方物种共同生活的经历，这个过程会容易一些——因为它们可能不会对另一个物种的突然出现感到特别紧张。如果狗狗之前曾经和猫咪生活过，它最初可能会对这个新猫咪表现出兴趣，但可能很快便会恢复老习惯，猫咪让它干什么，它就干什么，跟以前一样！不过，如果不能确定你的狗狗会做何反应，你需要小心。如果你的狗狗是小型犬或灰狗之类的猎犬，你要特别当心：跟其他犬类比起来，这种狗狗更容易受追逐的本能驱使。

■ 初次引见猫咪和狗狗时，或者让猫咪待在猫窝里，或者让狗狗待在狗窝里。这能确保无论发生什么，都不会发生追逐。

■ 在会面之前先带狗狗长途散步，这样

当它看到猫咪时就不会特别容易激动。

■ 抚摸两只动物，然后交换它们的气味，让它们熟悉对方的气味，这气味会成为家庭气味的成分之一。

■ 让狗狗隔着笼子嗅猫咪。猫咪可能会嘶鸣、吼叫，但它是安全的。狗狗可能也会防备猫咪的表演，庆幸它待在笼子里！

■ 如果狗狗在跟猫咪的互动中很安静，并且做出了你期望中的行为，要奖励它。

■ 晚上把笼子带进客厅，所有人都安安静静地坐下来看电视，这样猫咪和狗狗都不会受到特别关注，它们都会感觉放松、正常。

■ 如果厨房足够大，可以在会面前一两周把猫笼放到那里，让狗狗绕着猫笼转悠——它们很快就会习惯彼此的。

■ 猫咪和狗狗初次在户外会面时，一定

要给狗狗拴狗绳，这样如果猫咪跑掉，狗狗也追不上。

■ 确保有很多高的地方可以让猫咪逃上去，如书架、窗台等。

■ 在你确定猫咪和狗狗可以相安无事地独处之前，千万不要让它们单独待在一起。

第四章

适合你的猫

你想从猫咪那里得到什么，你对猫咪有什么期望

如果你想养只猫，有必要考虑一下你到底想要的是什么。是想摸它、把它抱起来、让它和你的家人或朋友互动？还是仅仅想让家里有只猫，你会很享受它在家里独立的状态，不用非得去抚摩它、拥抱它？

我们当中很多人是从父母或祖辈那里继承了一只猫咪，或者是在花园里碰到了一只正在玩耍的猫咪，它用那双眼睛哀求般地望着我们，我们就把它带回家了。它冲我们惹人爱怜地喵喵叫了一两声后，我们就会给它弄点吃的，邀它进门——当然，开始只是请它进厨房。接着，我们就发现它蜷曲着身子躺在沙发另一头，而我们则开始到处寻找它喜欢吃的食物、打开暖气以免它被冻着！这样来看，其实往往并不是我们选择了猫，而是猫咪选择了我们，我们并不了解它的性格，却接受了它，可能是吹毛求疵、神经紧张、热情友好，甚至碰都不让碰。然后调整我们的关系去适应它。

然而，有时我们确实也会去猫咪繁育者或猫咪救助站那里选择一只猫。那么该如何选择一只适合你家庭和生活方式的猫咪呢？

想想看，猫咪有可能会被带到什么样的

家里？既可能是一个老太太的家，她寂然独处，几乎从来没有访客；也可能是这样一个家庭，有5~15岁各种年龄段的孩子，养狗，还养着其他几只猫咪，宾客盈门，孩子们弹着《吉他英雄》或玩着电视游戏，家里胡乱摆放着衣物和奇怪的自行车，人们来来往往，电话铃声不断，每次门铃一响狗狗就会大叫。很多猫咪在第二个家庭场景中都能开心地生活，甚至因为和各种人打交道而茁壮成长。

但对于有些猫（可能这样的人也不在少数），这样的家庭绝对是噩梦。它们会发现自己很难应对生活中的众多变化，会因为恐惧而变得焦虑。有些猫咪需要精确地知道将要发生什么事情、何时发生。这些猫咪显然不适应在第二种家庭中生活。不过，如果它和那位做事按部就班的安详的老太太一起生活，可能真的会特别开心——她几乎没有任何要求，安安静静、心满意足地自己坐着，直到猫咪最终鼓起勇气，爬上她的膝盖。那么，如何看出猫咪在应对能力上的区别，为何有些猫咪喜欢跟人待在一起而有些却不这样呢？

是什么让猫咪喜欢跟人待在一起

我们一生中会碰到各种各样的猫，有宠物猫，也有野猫。宠物猫可以被定义为喜欢跟人待在一起并跟人互动的猫咪。这类猫又可以细分为各种不同性格。然而，宠物猫的对立面——野猫是一种神奇的生物，虽然它和宠物猫长得一模一样，也属于相同的物种，但它在行为上却和宠物猫有着天壤之别——事实上，它更像野生种属的猫。

野猫

什么是野猫？它出生在野外，从来没被人摸过，习惯独居或与一群野猫共同生活。一旦成年，它会把所有人当成危险因素。不过，也有可能会罕见地信任给它喂食的人，甚至会允许那个人摸它。野猫几乎不可能与人类建立任何亲密的社会关系。

还是有可能把野猫变成宠物猫的，但必须在它很小的时候就抚摸它——2~8周大，最好能把它带到家里，在它5周大之前经常摸它，换言之，是在它开始害怕周围事物、开始知道躲避人、躲避一些情况之前。野猫断奶后很难被驯服，一旦开始性成熟，驯养野猫基本上就不可能了。

野猫可以群居，但会警惕人类。

流浪猫

我们理解的流浪猫是在人家中出生、成长，但后来却不得不风餐露宿、自己养活自己的猫咪。它保留和人类建立友好社会关系的能力，但流浪的时间越久，它就越会对人产生警惕性。流浪猫可能会加入野猫群体，行为反应上和它们相似，会怕人。但流浪猫和在野外出生、从未被摸过的野猫不同，如果被人带回家，它会很放松，能接受抚摸，也愿意与新主人建立社会关系，愿意重新成为宠物。

流浪猫以野性的方式生存，但可以重新适应和人类在一起的生活。

宠物猫

我们理解的宠物猫群体拥有各种各样的性格，大部分宠物猫的性格都是在幼猫时期形成的。在我们养育猫咪，甚至养育小猫咪之前，它性格的大部分便已形成。猫咪是在很小的时候（3~8周大）学会享受人类的陪伴的。这个时期的小猫咪还不知道害怕，它的内心对于与其他动物和人类建立良好关系是开放的，也愿意学习如何应对各种新情况，不会被吓到。想想我们人类的小宝宝，当他们还在蹒跚学步时往往是多么勇猛无畏——在没人照顾的情况下四处乱跑，摸摸这个尝尝那个，一会儿跌倒一会儿又爬起来。但长

大一些后，他们就开始有顾虑了，做事情时会寻求稳妥。

如果小猫咪在刚出生的几周内没有和人打过交道，或者没有接触过人类的东西，可能就永远无法把人类视为"正常"生活的一部分。在猫科动物成长的前几个月内，无论它的内心经历了什么，它都会躲避、害怕那些它不熟悉的东西，而之后这便似乎会固定下来。所以，如果一只小猫咪从来没被人摸过，没遇到过狗狗，没体验过吸尘器、门铃、孩子的笑声和尖叫声等日常事务，就会本能地认为这些事情具有危险性，然后做出相应的反应。它会设法避免和人类接触，如果人们追在它身后摸它，它就可能会躲起来或反应激烈。人们会觉得养育或"驯服"这类猫是善意的表现，但这样做往往会令这类猫咪更焦虑。它在幼年时期没有建立与人交往的途径，便不能对人类做出善意的反应。的确，猫咪在8周大以后还会继续学习，但它已经失去了基础，很难，甚至不可能再在上面建立任何东西了。

当然，猫咪和人一样，拥有遗传机制，知道如何对这个世界做出反应。有些猫咪很大胆，而有些则天生紧张、害羞。这更说明了幼年时期进行社会交往的重要性——有助于塑造你所看到的成猫的性格。另外，如果猫咪有过创伤经历，如曾被虐待或曾被狗狗伤害，这会对它看待世界的方式产生重大影响。

为了能在危险的世界生存下去，猫咪必须了解它所在的环境。和我们一样，它也是通过恐惧、挫折、快乐和其他一些我们所熟悉的情感来了解周围环境的。

猫咪学东西特别快，反应也特别快，以保证它的生存。如果一只胆小的猫，一碰到人就会扭头跑掉，那么它就能生存下来——的确，能活下来这一事实便证明它一开始便跑掉是正确的！所以，胆小的猫咪总是比你的反应要迅速得多，也不会意识到你在努力让它产生不同的感觉。如果你想改变猫咪的性格，这可能会是个问题——如果没有最基本的信任，改变起来非常困难。然而，如果你养的是一只流浪猫，它曾经与人有过良好的关系，但出于这样或那样的原因后来在外面流浪，便可能还很乐意重新成为宠物，特别是当它尝到了被人类照顾的甜头之后。

那么，讨论猫咪性格有什么意义呢？是为了帮你选择一只猫，这样它和你生活在一

抚摸小猫咪，让它习惯看到家里的东西、听到家里的声音，这可以帮助它在我们的家中放松下来。

性格是基因、幼年经历和生活经验的综合体。

起时，它喜欢你，你也喜欢它。如果你选了一只胆小的猫咪，因为可怜它，觉得只要自己对它好就会使它更勇敢，那你和它可能会有一段令你失望的长期关系。事实上，这只猫咪可能会特别焦虑——因为你让它生活在一个对它来说有很多可怕、需要挑战的家庭里。从另一方面看，如果你自己过着安静的生活，想要养一只不太挑剔、最终能习惯你，且不喜欢闹哄哄的青少年、嘈杂的音乐、重重的关门声和来来往往的宾客的猫，可能最适合你的是那种性格比较柔弱的猫咪。如果你想养一只大部分时间待在户外，你只想把它当猫咪来尊重它，带着欣赏的眼光观看它的捕鼠行动，喂养它、照顾它，但与它保持令它舒服的距离的猫咪，那么也有一些不太在乎人类的猫咪，它肯定很乐意以这种方式跟你生活在一起。

当我们考虑养猫时，大多数人会本能地想到一些外在的东西——猫咪毛发的颜色和图案。随便问一个动物救助组织的工作人员，他就会告诉你：通常姜黄色和有斑纹的猫咪会最先被挑走，黑色和黑白花猫咪等待的时间比较长。

猫咪是一种具有俊俏外形的动物，我们会被最具异国情调的猫咪或皮毛最可爱的猫咪吸引，这可以理解。不过，猫咪可能与我们一起生活 20 年，共同生活这么久后，即使是最难看的、打架打得遍体鳞伤的老公猫也会走进我们的心。对猫咪来说，美貌是不长久的，令我们深爱的是它性格中的力量和魅力。但不管怎么说，猫咪还是很漂亮！

姜黄色猫咪总是很受欢迎。

黑白花猫咪最开始可能不会被挑走，但也很漂亮！

很多人认为如果新养一只猫的话，还是从小猫咪养起比较好，但其实这样有利有弊，最好还是考虑养一只需要有个家的成猫是否更适合你。那么，养小猫咪究竟有哪些利弊呢？

选择小猫咪

■ 小猫咪让你有机会从头开始养育、照顾它，这样它的人生会有最好的起点。

■ 可以对它的性格有比较好的了解，但显然并不会是充分了解。

■ 如果你不知道小猫咪的父母是谁（至少不知道它爸爸是谁），它的毛可能会长得很长，令你不喜欢。

■ 小猫咪就像小宝宝！你需要特别注意细节，还要提前想到可能发生的事情，采取预防措施，这样它就不会陷入麻烦。

■ 小猫咪更容易突然疯狂起来，还会爬窗帘！

■ 如果把小猫咪单独留在家，一定要保证它的安全。

■ 与成猫相比，小猫咪更容易被引介给住家猫咪。

■ 与成猫相比，小猫咪更容易被挑走。

■ 小猫咪特别"憨态可掬"，可这段时间不会太长，只有6个月，而猫咪一般可以活14年或更久。

■ 你可能要给小猫咪做绝育手术、给它打最开始的几个疫苗等，具体要看你从哪里得到的小猫咪。

选择成猫

■ 所见即所得——你会有更多机会看到猫咪已经成形的性格，但一定要在它感到舒服和放松的情况下观察它。

■ 它会非常快地在你家安顿下来。把它独自留在家里也不用担心，因为知道它不会惹麻烦，而且一般来说它比小猫咪好照顾，没那么让人操心。

■ 有很多成猫都很棒，也需要有个家，但却没有机会，因为人们只选择小猫咪。

■ 成猫更有可能做过绝育手术，打过疫苗。

公猫还是母猫

选择公猫还是母猫可能并没有多大区别——只要你早点给它做绝育手术，防止它在性成熟时做出生殖行为。当然，公猫和母猫在发情期的表现完全不同，很多性别上的差别是由主导猫咪生殖期的激素造成的。未绝育的成熟公猫发情时会用气味非常浓重的尿液来划出自己的领地，会和别的公猫打架，还会跑很远的路去寻找母猫交配。未绝育的母猫如果不怀孕的话（关于猫咪生殖问题的更多细节请阅读第七章），每隔2个星期会发情一次。然而，如果我们在这些性激素产生影响之前给小猫咪做绝育手术，之后我们会发现公猫和母猫的行为并没有太大区别。所以，如果只养一只猫咪的话，性别并不重要。

如果你想养两只猫，而且想从同一只母猫下的一窝仔中挑两只，那么这两只是公猫还是母猫可能没什么区别；不过，如果你已经有了一只住家猫咪，现在还想养一只小猫咪或一只成猫，我建议你选一只和住家猫咪性别相反的，这样可以消除一些竞争因素。这种情况下，与成猫相比，小猫咪可能是更好的选择，因为小猫咪的稚嫩同样也会消除

竞争因素——虽然只是暂时的，但在此期间可能两只猫咪已经喜欢上了彼此。

不过，和猫科动物的所有习性一样，每只猫咪都是独立的个体，都可能喜欢，也可能不喜欢某一只猫咪。我们人类也一样，如果有大人或孩子来与我们同住，我们不一定喜欢他们，所以猫咪也如此！

你是哪种人

在宠物当中，猫咪属于维护成本较低的，几乎很少。不过，它也和所有宠物一样，需要人的照料，有些猫咪比别的猫咪需要更多的照料（在本书第八章我们将谈论猫咪需要的产品和服务，以及如何获得它们）。那你是否想把大量时间花在与猫咪相处上？你希望自己的猫咪挑剔吗？你是否希望在情感上依赖猫咪？你是否希望家里一尘不染？甚至，你是否为过敏性体质？如果你想和你的新猫咪成为最佳"搭档"，必须要考虑这些因素。

如果你不太可能有时间或有意愿来给猫咪刷毛，那就不要养波斯猫，想都别想；就连那种半长毛的品种也不要考虑——它的毛发可能看起来很奢华、很温暖，让你忍不住想抱抱它，但毛发护理可是件辛苦活。记住：很多猫咪虽然天生一副长长的好皮毛，但如果它之前曾被人拉扯过打结的毛发团，那它可能并不喜欢让人梳理自己的毛发，甚至可能都不喜欢被摁住时那种被束缚的感觉。如果你有洁癖，希望家里一尘不染，可能也不希望看到家里到处都是长长的猫毛。再者，如果猫咪到外面去玩，它可能会把外面的各种东西粘在毛上带回来，特别是夏天和秋天，

如种子、小树枝甚至鼻涕虫。

短毛猫是个更好的选择，因为大部分猫咪都极其在意自己的毛发，会把它梳理得完美无瑕。不过，这并不意味着它不会把毛发弄得到处都是——如果你养的是白猫而家具是深色的，或者恰恰相反。一个解决办法是可以买跟猫咪毛发颜色一致的家具！养猫咪听起来是个不错的事，但对有的人来说，这些家伙会令他们的世界大不同。

同样，猫咪还极有可能在家里磨爪子，经常在地毯上磨，有时还会在家具甚至墙纸上磨。它可能是在磨爪子，也可能是在划分自己的领地，甚至可能仅仅是享受抓挠某种特别质地的物品表面的感觉——用爪子把墙纸上各种厚厚的、凸出的图案挠下来，弄得碎屑到处都是，可能让猫咪特别满足！不过，

你可以采取一些办法来解决这个问题（参见下文）。但最好从一开始就记住：你的猫咪是一个有自由意志、本能行为的动物，它可能并不适合某些希望家里保持得一尘不染的人。否则你们的关系就会因地毯、家具之类的问题而破裂，不管猫咪多么可爱。

这听起来可能挺简单，可是很多救助站、甚至宠物医院里的猫咪都是因为这类原因不得不被处死。只需记住：猫咪不是洋娃娃，也不是毛绒玩具。它有时会做一些我们不希望看到的事情，而且我们也不一定能控制住它，忙忙碌碌的我们有时会莫名地无法忍受不按常理出牌的事情。

你是否是素食主义者并希望你的猫咪也吃素？这个问题现在并不少见，主要是因为人们对猫咪彻头彻尾的误解产生的。第六章我们会对这个问题进行深度探讨，但简而言之，如果你想养一只素食宠物猫，和你的信仰不发生冲突，我劝你还是养兔子吧——猫咪从根本上来讲是食肉动物，它之所以有那样的外形、那样的行为，正是出于这一原因。

你也许特别讨厌猫咪在外面捕猎。可能因为你是位爱鸟人士，也可能只因为地板上的小尸体令你束手无策。这又是一个猫咪特有的天性和习性。把猫咪关在家里可以阻止

它去猎杀小动物，但这是它最本能的行为之一，它依然需要一个发泄的渠道，而且并非所有的猫咪都喜欢一直待在家里。同样，如果你想养只猫，防止有歹人闯进来，必须做好心理准备：它不可能不对捕猎、杀戮、捕鱼有特别兴趣，也不可能只喜欢趴在沙发上看电视。

如果你讨厌捕猎，猫咪可能并不适合你！

如果你想让新来的猫咪和家里其他猫咪和平共处，千万别想当然。你应该选择一只看起来比较外向的新猫咪，但要记住：它其实未必很外向。毕竟，如果把你放到一个全是陌生人的房子里，还希望第一周结束后你能和他们一起蜷缩在长沙发上，你可能也会让人失望的！

填补空虚——猫咪可不适合当感情支柱

现代人的生活都很忙碌。为了支付各种开支，我们每天都要辛勤工作，周末也不闲着，要抓紧时间，把家里平时没空做的事情做完。同时，我们还要有社交，有时还要带孩子。很多人最后成了单亲爸爸或单亲妈妈，还有人独居。这些情形都令人焦虑，可能并非是人们想要的或期望的。

在家里抓挠，该怎么办？

猫咪这样做并非有恶意，也不是故意要破坏东西。它可能把家具当成了抓板，也可能是为了划分领地才去抓挠东西。

在被猫咪破坏的地方放一块猫抓板。轻轻抓住猫咪的爪子，在猫抓板上蹭几下，留下气味，然后向它示范该怎么做。刚买来猫抓板时多带猫咪挠几次，还可以在上面抹点猫薄荷精油。如果看到猫咪在别处挠东西，就把它抱到抓板旁边，鼓励它在这里挠。

有时猫咪之所以挠东西，只是因为被挠的物品的材质很"好玩"，让无聊的猫咪感觉很有趣，那就让它在别的东西上发泄精力。多陪它玩，鼓励它玩捕猎游戏。如果你的猫咪喜欢墙纸上的凸起图案，可以让它试试挠别的东西，比如印刷纸或颜料。在猫咪挠东西的时候不要关注它，否则它会更来劲。

如果你的猫咪挠东西是为了让自己更有安全感，那你可以尝试着找出令它紧张的原因，如家里来了别的猫咪、家里发生了一些变化等。甚至可能是把猫洞关上了，或者你亲自给猫咪开门、关门，这些都可能让猫咪焦虑。给猫咪找个高高的位置，让它待在那里，观察这个世界。可以用软布擦拭猫咪的脸，沾一点猫咪的气味，然后用软布轻轻拍打猫咪抓挠的地方。如果想去除猫咪气味，可以使用一种生物清洁粉的溶液，然后再蘸点消毒用酒精（注意不要把织物的颜色去掉）。

猫咪可能是很好的伴儿，但并非感情支柱。

猫咪唾液中的某种蛋白质是诱发过敏反应的原因。

与狗狗相比，猫咪与我们的现代生活方式更合拍。狗狗其实需要有人在家把它放进来、放出去，还得待在它身边，做它"群体"的一部分。猫咪则恰好相反，可以把它独自留在家里，不用太担心；而且它也适合生活在小一些的公寓或房子里。对生活方式紧张而繁忙、回家放松下来后希望有人做伴的人来说，很多猫咪都是他们的良伴。

我们对猫咪有很多期望：做伴往往是这

有些品种的猫咪如暹罗猫，很喜欢互动。

些期望之一。然而，我们必须记住：猫咪既不像狗狗，也不像人。它完全可以开开心心地独处，不像我们这样需要社会系统。这里要强调的一点是：它天生不具备能够提供支持和合作的机制，不会为你放弃某样东西，也不会为了群体的利益而做某样事情。所以，如果你需要一个感情支柱，想把这个希望寄托在你的猫咪上，它可能无法理解，也无法应对。

行为学家发现，现在有些猫咪因为出现"关系"问题而被交到了他们手里，而通常来到他们那里的猫咪都是因为环境原因出现了一些"行为"问题。这类猫咪的主人可能在看待自己的猫咪和他们觉得猫咪应该怎么做方面不够现实、不够一致。这常常与过度保护、因为担心猫咪而过度关注或想去抱它、不让它跑掉有关。如果是一些喜欢与主人互动的品种，如暹罗猫，这样做可能只会让它更活泼、想要更多互动，但对于其他品种来说，这样做可能意味着逼它缩回自己的壳里，逃避关注。猫咪终究只是猫咪，只有在自己的行为特质允许的时候，才会做出反应和互动。

你是否对猫咪过敏

很多人认为是猫咪的毛发引发了我们的各种过敏反应：打喷嚏、哮喘、瘙痒。事实上，罪魁祸首是猫科动物唾液中的一种叫 Fd1 的蛋白质或过敏源。猫咪定期会对自己进行清理，所以它的毛发上布满了唾液。唾液在毛发上会变干，当猫咪抓东西、活动或蹭走路经过的物品时，会把含有这种过敏源传播出去。一些特别想养猫的爱猫人士认为，只要自己挑选一只毛发比较少、甚至没毛的猫咪，就可以避免这个问题。然而，这个问题的根源是猫咪的唾液，所以即便这样也于事无补；再者，从表面上看长毛猫的确会引发更多过敏反应，但那可能仅仅是因为毛发更多，上面带的过敏源也就更多。

有必要多试几种不同的猫咪，看看你对它们的过敏反应是否小一点儿。美国一家公司正在培育不带 Fd1 的猫咪，同时在为猫咪过敏者研制防过敏药物。他们的实验方法似乎是让体内 Fd1 含量低的猫咪杂交，而不是改进猫咪基因，从而减少有些猫咪天生引起过敏的概率。遗憾的是，对于那些对猫咪有反应或家人对猫咪过敏的人来说，这依然是个大大的难题。

如果你对猫咪过敏，能否与猫咪生活在同一屋檐下可能在很大程度上就取决于你的过敏反应有多严重；如果能使用空气过滤器、抗组胺之类的产品，可能也会好一些。你需要跟医生谈一下，也可以变化一下家装，来减少过敏源数量。比如，最好让地面裸露出来——瓷砖和抛光木地板很容易打理，还不会积灰，避免猫咪清理毛发时 Fd1 落到灰尘中的猫毛和碎屑上。尽量不使用软装（换掉窗帘，装上百叶窗等），买个好点儿的吸尘器，不让猫咪进卧室，保持房屋通风良好。给猫咪梳毛时戴上防花粉面具，防止吸入过敏源，同时确保屋内空气流通。

还可以让兽医给你开几种产品，把它们涂抹在猫咪身上，据说可以降低猫毛上过敏源的数量。这些产品的有效性可能差别很大，其效果也视个人过敏反应程度而定。还可以用蒸馏水给猫咪洗澡，不过猫咪可能不会觉得这很有趣！或者跟医生谈一下，让他给你注射脱敏针，不过并不是每个人都适用。

长毛猫毛发上涂抹了唾液的地方更多，所以可能引起更多过敏问题。

猫咪见到陌生人时很谨慎，这很自然。

你觉得自己的生活方式和哪一种猫咪匹配

这个问题很重要，因为它可以让你不致失望。如果你想养一只自信的家猫或者是一只喜欢被人抚摸、拥抱的猫咪，必须要确保你的猫咪来路明确，而且要了解正确的信息，来辅助你做出选择。

如果你是从救助站领养成猫，那你就会有很好的机会，可以仔细了解一下猫咪的性格，看看它对你产生什么反应，如何与你互动。

观察猫咪独处时的样子，最好身边没有其他猫咪（如果有别的猫可能会影响它的行为，令它紧张），安静地坐下，等待猫咪放松下来。让它朝你走过来，仔细观察它，看它被摸时是什么反应。有些猫咪会立刻与你互动，有些猫咪则会想办法躲起来。当然，警惕性是生存法则的重要一

部分，不能怪猫咪过于谨慎。不过，谨慎、胆怯和纯粹的恐惧还是有区别的，这是你需要做出判断的地方。如果养猫的方法比较温柔、安静，谨慎是可以消除的。胆怯可能需要花长一点的时间来应对，也许会贯穿猫咪的一生，但如果遇上合适的主人，也可以在某种程度上被克服。

对人的恐惧则是另外一回事，可能不太好消除。可能这只猫咪之前受过虐待，但也可能它自己固有的性格中便有这一部分，是它早期一些经历导致的。所以，要尽可能多地获取信息。不过，猫咪被送到救助站时，前主人应该提交了它的一些具体历史资料，这些资料可能并不真实，或者有漏洞，但的确能给你一些可以参考的信息，救助站的工作人员也会给你提供有用信息：他们一直在照顾这只猫，对它已有所了解。

选择成猫或小猫咪时需要了解其健康方面

■ 注意观察是否有患病征兆：流眼泪或流鼻涕、耳朵脏、尾巴下面有一片肮脏或通红的地方（可能暗示猫咪患有腹泻）。

■ 询问猫咪的健康情况：是否做过绝育手术、接种疫苗、除虫、除跳蚤等，了解猫咪现在是否有健康方面的任何问题。

一窝小猫应该长得既聪明伶俐又健康。

■ 如果猫咪正在服药，询问并请工作人员示范如何给药，无论是片剂还是滴眼液或滴耳液，这样你就知道回去该怎么做了。（参见 100 页）

■ 应该了解猫咪所吃的食物，回去后继续饲喂，一直喂到它在你家安顿下来，这之后可以逐步改换猫粮——如果需要换或想换的话。

品种猫咪还是普通猫咪

如果你想要一只具有某种具体特点的猫咪，或是想要某个特定的品种，我劝你还是灵活一点。特定品种中每只猫咪性格都不同，它们的差别比不同品种猫咪之间特点的差别还要大。的确，有些品种的猫咪会有做出某些特定行为的倾向，如暹罗猫的大嗓门、缅因猫的友善、塞克斯猫强烈的好奇心、布偶猫的悠闲，但每个品种里面都会有些猫咪表现得像个异类。同样，在那些口碑很不错的家猫中也有吵闹型、大胆型、依赖型等好多种。的确，如果你养了一只"血统纯正"的猫咪，别人看你的眼光都不一样，但正像我之前说过的那样，眼光不能决定一切，你还得考虑其他一些因素，比如可能遗传的健康特性。挑选猫咪时，这一点极其重要。

英国 90% 的猫咪都是我们所说的家猫。它们可能是任意交配的结果（通常我们对所养母猫交配的公猫长什么样都不知道），我们无法控制小猫咪的颜色、体型或任何从它们父母那儿继承来的特点。

英国只有 10% 的猫咪是纯种的。如果考虑一下我们使用"血统纯正"这个词时的心态，会觉得很有意思。我们对血统纯正的猫咪有很多设想——很多人觉得这样的猫咪或多或少要比血统不纯正的猫咪或家猫优越一些，血统纯正的猫咪是要花钱买的，所以肯定要"好"一些，肯定更有价值。

为了得到"有血统"的动物，我们会限定一些动物，并对它们进行控制，让它们和那些拥有我们想要得到的某些血统特点的动物配种。这发生在所有被我们驯养的动物身上，如牛、狗等。这个选择过程的初衷是为了得到一些能从事特定活动的动物。我们选择牛，是因为它能大量产奶，还能生产大量牛肉；选择狗，是为了让它看护羊群，叼回猎物，或者捕猎。不健康或没有能力的动物就不会被繁育，从而会让动物更强壮，而且人类可以选择让某种动物从事某种特定工作。

一旦看到不同品种的狗狗所表现的不同外表和行为，我们就开始对它们进行越来越多的改变，很快就到了为了想要某种"外表"来对狗狗进行配种的阶段。我们开始崇拜"品种标准"——界定某个品种的狗狗应该长什么样的书面规定，在这个过程中，我们忽视了这只狗是否具有狗的基本功能。

在一本描写猫咪的书中对狗狗的繁育进行攻击，这是再容易不过的事。不过，必须要记住：之所以进行狗狗的繁育，是因为它们是工作动物，我们需要不同的狗来完成不同的任务。猫咪除了抓老鼠之外再也没有其他功能，而这个工作，普通猫或没有血统的猫都能胜任。或许你会说猫咪还有另外一个功能：陪伴，可这一点普通猫咪也可以做得很好。当然，有些品种的猫咪可能独立性稍微差一点，与其他品种相比，更依赖人。但纯种猫咪之所以被培育出来，很大一部分原因是我们想要得到某种外貌——长毛、短毛、不同脸型、不同花纹等。

有些品种最初是自然繁育出来的，因为某些猫群从地理上与其他猫群隔离开来，所以就生长出某些共同特征。无尾马恩岛猫便是一个例子，它来自英国马恩岛。不过，我们现在做得更深入了，能培育出自己的猫咪品种，还能对自然繁育猫咪进行进一步控制。

这有什么不妥吗？如果你能站在猫咪福利的立场看这种为了外表进行的猫咪培育，你的看法就会和那些为了得到某种外表或行为而进行培育的人大不相同。对能被繁育的动物的数量和类型进行限制是否有风险？如果控制能进行配种的动物数量，选择拥有某种特定外表的动物，这样你就能集中某些品质，得到定义明确的某个品种，但同时也有集中其他品质的风险。比如，即便只有一个动物有遗传疾病，如心脏病，可能这群动物内部都会有这个问题。

有时我们过于关注"外表"（毕竟大部分人养纯种猫咪的原因正是看上了它的外表），以致未能足够重视猫咪的健康问题。我们都喜欢略微与众不同的东西，尝试并制造一些有点儿不同的东西是人类的天性。如果我们能在不造成任何危害的前提下这样做，那没有任何问题。然而，当我们恪守"品种标准"，将其奉为获得终极成功的真经，对这个过程中可能产生的问题一无所知，就会导致很多问题，比如会遗传下去的极端体

型和健康问题。

我想说的是纯种猫咪并不一定比普通猫咪好。选择纯种猫咪可能会能确保你能得到某种"外表"，有时还能确保猫咪会表现出某种整体行为，但必须有人把某些猫咪弄到一起才能产生这些结果，在纯种猫咪的挑选、养护、保健和健康管理方面发生的费用最后都会转嫁到买家身上。比如，优秀的动物繁育师需要有猫咪护理与保健方面的丰富知识，要懂遗传学，在卫生和疾病控制方面要有良好的管理能力，还要了解猫咪的发展需求，这样才能培育出能成为出色宠物的小猫咪。毕竟，如果繁育出的猫咪只是外表好看，却害怕人，那也没什么益处。

他们还需具备一定的"人际能力"，这样才能为繁育出的小猫咪找到一个温馨的

家，找到负责任的主人。所以，成为一名优秀的繁育师是很难的一件事，需要付出大量时间和心血，而且工作责任重大，不可小视。

至于如何挑选纯种猫咪，下面这些基本建议可能有助于你做出决定。

首先，和狗狗不一样，大多数猫咪的体型都差不多。虽然，缅因猫比大多数的猫体型都大，新加坡猫比大多数猫体型小，但这两种猫咪中也有与其他猫咪的身材比例完全相同的，所以总体来说体型不是问题。

不过，毛发长度却是个问题。长毛猫（如波斯猫）可能看起来很漂亮，但它不会打理自己的毛发。在我看来，一只猫咪应该不用人类帮助就能自己把毛发舔干净，不让毛发打结，但很多人喜欢给长毛猫梳毛，让它看起来既干净又漂亮。长毛猫的毛发之所以多，是因为有一层长而浓密的底毛，需要主人每天为它梳理。如果做不到这一点，很多这类猫咪最后浑身毛发都会打结，必须到宠物外科医生那里，先给它服用镇静剂，然后修剪或剪掉毛发。长毛猫主人还要注意猫咪的尾巴根部，如果毛发厚会挡在那里，很难除去尾巴上的粪便，这时就要帮助它弄干净。

波斯猫的遗传特征是脸部扁平，这和我

波斯猫的长毛需要每天梳理。

们心目中鼻子和下巴都突出的"正常"猫咪稍微有些出入。所以波斯猫的牙齿和下巴的排列往往因此出现问题，导致它无法自己正确梳理毛发。它的眼睛也凸出得非常厉害，眼泪无法流入泪管，眼部的润滑就会受到影响。所以它常常会抹一脸的眼泪，这意味着主人可能要定期为它擦拭眼睛。因此，如果想养波斯猫，就要保证自己每天都能把这些全部做一遍。

的确，如果你养的猫咪需要人类对它进行这种程度的护理，你得确保自己明白猫咪脾气好的时候才允许你这样做，而且还得轻手轻脚地操作，这样才能让护理成为一件让猫咪享受的乐事，而不是折磨。如果动作太重，或者不去强迫的话，很多猫咪都不喜欢让主人梳毛，它一看到刷子或梳子就会大发脾气。这时梳毛变成了每天都要进行的一场意志的较量，让大家都很郁闷（梳理毛发方面的内容可参见 85 页）。

有些猫咪毛发也很长，但不像波斯猫的毛那么密，这类猫咪叫半长毛猫，缅因猫、伯曼猫、西伯利亚猫、挪威森林猫、土耳其梵猫、布偶猫、索马里猫和巴厘猫都属于这类品种。这些猫咪不像波斯猫的脸那么平，但可能在梳理毛发上也需要主人帮助，如果是喜欢户外互动的类型，尤其如此。它在花园或田野里玩耍时，毛发会沾上各种各样的东西，特别是秋天——带芒刺和钩子的植物种子到处都是，它们正等着搭顺风车被捎带到新地方去。这些种子会成为一大片毛结的中心，如果不及时处理的话，可能需要剪掉。不过，总体来说半长毛猫咪的毛发比波斯猫的更好打理，弄好了会非常漂亮。

有一种纯种猫咪叫东方猫，包括暹罗猫和其他一些猫咪，与普通猫咪相比，它们的体型更长、更瘦，毛发短，脸尖。它们出了名的爱叫，很依赖主人。尤其是暹罗猫，与主人互动特别多，非常有趣，但同时可能也意味着它们会过度依赖人，独立性比较差。

如果猫咪脸部扁平，会出现呼吸问题，眼睛无法得到恰当的润滑，牙齿可能会排列不整齐。

缅因猫

伯曼猫

布偶猫

索马里猫

巴厘猫

西伯利亚猫

挪威森林猫

土耳其梵猫

暹罗猫

蓝点暹罗猫

如果让它们独自待着，可能会出问题。虽然对毛发的护理需求比较低——猫咪自己就能轻松应对，但像暹罗猫这种东方猫还是需要很多关注的。

另一组猫咪被统称为外国猫，包括一些很有趣、差异很大的品种，比如科拉特猫、奥西猫、阿比西尼亚猫、孟加拉豹猫、波米拉猫、埃及猫、俄罗斯蓝猫、新加坡猫和雪鞋猫。这类猫中有一些特别漂亮的品种，整体来说，它们没有构造或毛发方面的问题。

还有很多短毛猫，从性格突出的暹罗猫到英国短毛猫，再到异国短毛猫，都属于这一类。异国短毛猫是个例外，它的脸和波斯猫一样扁平，但毛发却很短，也不密，完全可以称为短毛波斯猫，它也和波斯猫一样会有眼部问题，需要主人为它擦拭眼部。不过，所有这些猫咪的好处在于，它们能自己梳理毛发。

卷毛猫是从一种毛发稀少、略卷曲的猫咪繁育而来的，很喜欢互动，但可能会有皮肤问题，比普通短毛猫的洗澡频率高。

毛发少到极点的是加拿大无毛猫，这种猫看上去就像秃了一样，可能有一层极细的毛发。不过，在我看来，猫咪应该长可以自己梳理的毛发，因为猫咪的很大一部分时间是用在梳理毛发上的，而且这种行为似乎让它很放松，很有安全感。加拿大无毛猫和卷毛猫一样，可能也会有皮肤问题。大多数加拿大无毛猫都需要定期洗澡，因为有毛的猫咪的分泌物会覆盖住毛发，让毛发不致粘连在一起，而且还可以防水，但无毛猫则相反，分泌物会堆积在皮肤表面、脚爪四周，引起皮肤病。如果你想养这种猫咪，最好和养过的聊一聊，了解一下关于皮肤护理的所有细节。要注意这种猫咪的保暖问题，若室外太冷，就得把它们关在室内；在室外活动时，还要避免被太阳灼伤。此外，如果小猫咪在一起玩耍，或者大猫咪打架，它们的皮肤没有任何毛发保护，更容易受到损伤。确实，就连梳毛都会刮擦自己的皮肤——猫咪的舌头很粗糙，能解开毛发上的卷结、顺毛干抹油。

接下来是马恩岛猫，是由一群生活在地理上与外界隔绝的马恩岛上的猫进化而来的，它带有一种反常基因，导致脊柱和尾巴无法正常发育，和人类的脊柱裂很像。这种

科拉特猫

奥西猫

阿比西尼亚猫

孟加拉豹猫

埃及猫

波米拉猫

俄罗斯蓝猫

新加坡猫

雪鞋猫

暹罗猫

英国短毛猫

异国短毛猫

卷毛猫

孟加拉豹猫

加拿大无毛猫

热带草原猫

马恩岛猫

猫的特点是跳动着行走，培育时要特别小心，千万不能与尾巴极短的猫咪配种，会导致幼猫死亡。这种猫已经存活了很长时间，虽然有缺陷但也被人们接受。

现在有一种潮流，就是让家猫和野猫配种，来培育出窜种猫，让它们拥有野猫的某些特性。这个潮流是从亚洲豹纹猫家族中的孟加拉豹猫与我们的家猫配种开始的。这样培育出来的猫咪的确成为宠物，而且非常漂亮，尽管见过太多孟加拉豹猫因争夺领地而

出现问题的行为学家可能会警告我们不要再培育这个品种。美国、英国也开始出现一些其他窜种猫咪，如热带草原猫，是由狞猫和家猫杂交而成。不过，我认为不应该想方设法通过杂交的方式培育出更多品种，这对用来配种的家猫来说是很危险的，而且还会因培育出的猫咪体型较大而被关在室内。我们对于它们的行为知之甚少，也不知道在这样一个环境下它们可能会经历什么挫折，相当大的可能是，它们会被对其来源或可能出现的行为问题一无所知的人买走。这一步似乎走得太远。当看到这些生灵时，我们都一致认为它们非常漂亮，养一只天天看着确实也不错，但它们身上还有一长串问题，目前我们还不知道答案，还有一些潜在问题，我们也不该忽视。

哪里可以弄到猫咪

正如前面说过的那样，我们很多人之所以成了猫咪的主人，其实是因为猫咪选择了我们——它出现在我们家门口，或者出现在我们的花园，不知不觉地就进到了卧室里。或者街角不知哪家的猫下了一窝小猫咪，它

们需要一个家。但在这一章开头我们也讨论了你想从猫咪那里得到什么、哪些事物会影响猫咪的性格，以及如何找到一个如你所愿的猫咪。

如果没有猫咪选择你，你也可以从种畜厂买，或者从猫咪救助中心领养一只。很多猫咪繁育俱乐部都有人负责猫咪福利，他的工作就是给那些不再和主人生活在一起的纯种猫咪找一个新家。

领养被救助的猫咪

尽管所有动物救助组织的初衷都很好，但并非所有组织都能很好地照顾猫咪。英国有强大的慈善支持，上千只动物得到救助，它们的生命被挽救，也找到了新家。很多从事这项工作的组织都很专业，在照顾猫咪的方式上把猫咪身心健康需求都纳入考虑范围。但遗憾的是，在有些"救助站"或"避难所"，猫咪的生存环境依然对它们的身心健康不利。

猫咪并不一定在乎有其他猫咪的陪伴。有些猫咪可能很喜欢交往，但有些如果和别的猫咪关在一起则绝对会很惊恐。的确，它们可能不会打架，行为甚至很温驯，但你会发现它们一个个都离彼此很远，只要能找到一点儿属于自己的空间就会散开独处。现在负责任的救助站会给猫咪独立的空间，一个温暖的可以睡觉的地方和一个能让它伸伸腿或看看外面的笼子。如果猫咪愿意待在一起，而且看起来相处得也不错（这两者并不一定是因果关系，很多本来有"伴侣"的猫咪在离开同伴后过得更快活），可以把它们放在一起，不过不要擅自做主。

出于健康考虑，也应该将猫咪分开。令猫咪致病的病毒是一些聪明的小生物，它们会非常快地从一个宿主身上跑到另一个宿主身上。所以如果猫咪距离太近，疾病和寄生虫也容易在它们之间传播。

如果你去的是低级救助站，看到里面猫咪的生存环境并不如人意，肯定会感到难过，会想带猫咪回家，好好照顾它。不过，这样做的问题是你可能养了这样一只猫咪：由于被关在令它紧张的环境中，可能容易受到感染，或者已经被暴露在很多疾病之下。很可能你带回家的猫咪有各种健康问题，这不仅在经济上会给你重创，情感上也会令你很痛苦，因为猫咪生病期间你要一直精心照顾它。除此之外，还有让家里已经养的猫咪染病的危险，所以很有必要去一个能防止这一切发生的地方选购猫咪，并采取一些预防性措施。

在养猫之前要确保已经了解猫咪的健康问题，并采取预防措施。　健康的小猫咪应该双眼明亮，神情警觉，充满活力！

"保护猫咪"是一家救助组织，每年为上千只猫咪做绝育手术，并为它们找到了新家。

优质救助站的工作人员会对猫咪的行为和性格做出评估，尽最大努力选取一只与主人匹配的猫咪。他们还会对猫咪进行细致的体检，查看是否有任何疾病，比较理想的救助站还会为猫咪做绝育手术、除虫、除脂，如果发现任何健康问题，他们还会进行处理。这并不是说我们不能养一只有病或有残疾的猫咪。如果救助站能告诉你真实情况，以及猫咪有什么需求，给你提供全面详细的信息，让你在这个基础上做出选择，那你也可以养一只这样的猫，因为你会对于该做些什么了然于胸。如果猫咪能遇上一个愿意照顾它的主人，那它会极其幸运，也愿意在新家里待着。归根结底要看你是否清楚自己养的是什么猫咪。很多有充足的时间、精力和同情心的人，会从养一只需要帮助的猫咪身上获得极大满足。

不管是成猫还是幼猫，都要检查它们是否有明显的健康问题，这样做总是明智的——你需要看看它气色是否很好，毛发是否发亮、健康，眼睛是否明亮，鼻子和耳朵是否干净。注意留心是否有腹泻的迹象，还

要询问疫苗情况、除虫情况、喂养习惯和总体保健情况。一个优质救助站会为你把这一切都做好，会给你很多建议，不仅是关于猫咪的喜好、健康方面，还会告诉你如何让猫咪在你家中安顿下来，何时该做什么，接下来又该做什么。大多数救助站在给猫咪找到新家前，会为它们做绝育手术。如果幼猫没有绝育，救助站会让新主人确保将来会做。

从猫咪繁育者那里获得

如果你决定养一只纯种猫咪，也有很多途径，这要看你是想养成猫还是幼猫。很多猫咪繁育俱乐部都有一些福利组织，会收留某个特定品种的猫咪，为它们找到新家。他们了解这个品种的特定需求（如每天梳毛），所以能找到会正确照顾它们的主人。

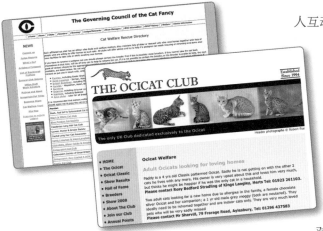

网上信息很多，既有 GCCF 这类的猫咪注册机构，也有独立的猫咪繁育俱乐部

人互动。

　　如果你确实想养纯种猫咪，那么你不仅要选择一个品种，还要选择一个合适的猫咪繁育者，他能给你一个特别健康的小猫咪，而且重要的是，这只猫咪能成为一个很好的宠物。大多数人养猫的初衷不仅为了要某种特定的体型、毛发长度和颜色，他们还想要一只很自信、很懂事的猫咪。人们会想当然地认为一定是这样，但其实并非总是如此。正如前面所说，幼猫如果在刚出生的几周没有正确接触到人或与人有关的事物，以后也不会成为"懂事"的宠物，至少不会成为像我们期望的那种宠物——自信、温柔、爱与

　　有好的猫咪繁育者，也有不好的猫咪繁育者。有些繁育者专业知识和经验都很丰富，把猫咪的身心健康视作头等大事，也有的繁育者根本不了解猫咪，并不真正愿意去为了繁育出健康、全面发展的猫咪而做一些必须要做的事情，或者因嫌麻烦而不这样做。猫咪的性格和对人的反应程度几乎完全是它在繁育中心的时期形成的，所以对于繁育者来说，这是个重大责任。如果繁育中心对猫咪的健康情况了如指掌，拥有少部分可以配种的猫咪，而且能确保对小猫咪投入大量时间进行精心护理，那么他们就有可能为新主人提供一只健康、开心的小猫咪。然而，如果他们一心只想靠尽可能快地繁育出大量小猫咪赚钱，并不在小猫咪的发育上投入必要的时间，就可能繁育出怯弱的小猫咪。同样，把太多成猫和幼猫关在一起也为那些狡猾的猫类病毒提供了一个了不起的运动场，让它们可以为所欲为。

　　"繁育者"并非需要专业资质。任何人只要偶尔或刻意繁育了一窝小猫，就可以被冠以这个称号，繁育者的素质差别也很大。幸运的是，有些繁育者是全副身心地热爱自己的猫咪，还拥有非常渊博的知识，不仅了解某个特定品种，还懂得关心猫咪的健康和社交需求。所以我们要做的就是问问题，不要想当然地认为就因为某人有一窝小猫要出售，他就一定有猫咪方面的专业知识，就一定能给你一只健康的猫咪。多读一些关于这个品种的猫咪的书籍，了解如何护理、它的性格、需要哪种关注、有哪些潜在的遗传问

题，需要做的测试都要做，来确保你感兴趣的那只小猫咪身上不存在这些问题。

　　先做好功课，然后再去猫咪繁育者那里。如果猫咪太小，还不适合去新家，大多数繁育者会让你过段时间再来（繁育机构要求繁育者将小猫咪养到大约 12 周大的时候才可以出售，而且为了保护小猫咪，还要求必须接种第一批疫苗）。不要从一个繁育者那里出来，就接着到另一个繁育者那里去，也不

要摸小猫咪，因为你的手上和衣服上可能携带病毒，会传染娇嫩的小猫咪，所以繁育者在这一点上可能非常严格，为了保护猫咪的健康，他们会禁止你这样做。

　　拥挤不堪、肮脏污浊、味道难闻的环境对猫咪的健康不利，也不利于繁育者花充足的时间与每只小猫咪相处。如果繁育者有各种年龄甚至各种品种的小猫咪可以选择，或者有各种各样的房间，里面全是猫咪，赶紧到别处去看看。你要找的是一个和你的家很像的一个环境，有一个看上去很健康的猫妈妈，面对人时很自信，四周很干净，还有一些健康的、一起玩耍的小猫咪。如果你养狗的话肯定希望繁育者也养狗，这样小猫咪就会习惯狗狗的存在，把它当成生活的一部分。我不会考虑那些在棚子里或户外猫窝里养大的小猫咪，它们可能没见过吸尘器、电视、门铃这些东西，没听到过乒乒乓乓的声音，没见过访客——这些都是我们每天生活的一部分，但它们可能会觉得很可怕。

　　一个优秀的繁育者会想了解你是否能正确地照顾小猫咪，会给你很多建议，告诉

你小猫咪现在在吃什么，在用哪种类型的猫砂盆，它的性格如何，这样搬到你家这件事就会变得极其容易。如果你需要，他还会给你提供帮助或建议，并且想听你说说是否有什么问题。如果小猫咪出现了严重问题，他应该还很愿意收回它。繁育者与买主应该自信地面对彼此，他们需要多问问题，来了解对方拥有多少专业知识和经验。知识和信息是关键，无论繁育还是购买了一只生病的或

不喜欢交际的小猫咪，以无知为理由都不是借口。

最后一点，潜在买主不能出于同情心购买小猫咪，比如猫咪生病了，或者很害怕，为了"挽救"它脱离当时的环境而买下它。相反，买主应该做好走开的准备。这听起来很难，但没人愿意养一只在未来几年内可能有健康问题或心理问题、不好相处、生活在一起会令人失望的猫咪。

第五章

满足猫咪的需求

想成为优秀的猫主人，你需要做什么

你已经清楚什么样子、什么性格的猫咪能与自己的生活方式合拍，或许你还应该问这个问题："如果想成为猫咪希望的那种主人，我该做什么？我能做什么？"

猫咪不需要你为它购置很多特别的东西，只需要食物和宠物保健品就够了。至于玩具和床，可以购买，也可以自制。通常都是猫咪自己选择睡在哪里，它最心爱的玩具可能是卷起来的一张纸、纸箱子或纸袋子！猫咪和小孩子一样，相比得到一份礼物，猫咪更喜欢在箱子里玩耍。不过，时间和互动才是最宝贵的商品。又和孩子一样，猫咪还需要独处的时间，来做它想做的事，不受主人的控制。

令猫咪身心健康的最佳方式便是理解它，营造一个适合它的环境。有些事情很重要，也很简单，但作为主人，我们事实上常常注意不到这些事情的重要性。有时我们会

把猫咪的需求与我们认为如果自己是猫咪可能会有的需求混淆起来。也就是说，我们会从人类的角度去考虑猫咪的想法。即使你天天处理的都是关于猫咪的信息，还是很容易会想当然地看待问题。但是，当你像猫咪一样思考时，有些事情就有道理了，你就会开始用完全不同的方式看待你的猫咪和它的反应。

猫咪的环境及其重要性

作为主人，有一件事我们需要意识到：在猫咪的眼里，它的环境要比居住在环境中的人重要得多。我们可能会对它充满喜爱，以为我们的爱就足够令它幸福，但很遗憾，我们的猫咪可能会无视这一点，因为令它烦恼的事情太多：猫砂盘的位置不同了，隔壁那只霸道的公猫时不时地会从猫洞钻进来，偷吃它的食物，欺负它，还在门上撒尿，这让它产生了不安全感。如果你的猫咪害怕对手会来到它的领地中央，自己不得不支棱着

知道了你的猫咪无法像人类那样思考，你就会懂得如何让它产生安全感。

隔壁那只霸道的猫是否会从你家猫洞钻进来？

谁在看谁？

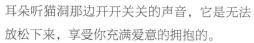

耳朵听猫洞那边开开关关的声音，它是无法放松下来，享受你充满爱意的拥抱的。

我们从第三章中已经得知，为何猫咪的领地对它如此重要。虽然我们把猫咪当成"已被驯服的"动物，但不要忘了即使它有上百万年的进化史，在不久的过去也还曾离群索居。除非你是狮子，或者是一个还受母亲庇护的群体中的一部分，否则作为一只猫咪，无论大小，你必须划出足够大的一块地盘，来给你和（如果你是雌性）你的小猫咪们提供足够的野味，让你们能生存下去。划好地盘后，你可不想让另一只猫来偷你的食物。所以，自然而然地，你就成了领地感很强的动物，因为这事关生死。野猫会有一个比较大的地盘，供自己在里面闲逛，还要有一个小一些的区域，它会殊死保护它，另外还要有一个小窝，它在里面待着会感觉很安全。母猫还会在窝里下小猫。

现在我们称作"家"的东西便是猫咪的"窝"，希望它能给猫咪带来安全感。我们觉得猫咪待在家里是安全的，它可能也这样想。不过，我们可能会忽视了另一只猫，它可能会从猫洞里钻进来，也可能从敞开的窗户跳进来，也可能透过温室的玻璃窗朝里面偷看。隔壁家的猫可能会守在猫洞口，等你家猫咪一出来，就会给它一下子。所有这些，都会让我们的住家猫咪感觉受到了威胁，十分不安全。

如果你意识不到这些事情的重要性，可以采取一些措施，来确保你家猫咪真的感到安全，比如把猫砂盆放在一个安全的地方，或者防止其他猫咪进来。可以在你家猫咪的项圈上拴一把"钥匙"，只有它能打开猫洞门，别的猫咪都不行。你可以在里面放一块磁铁，或者装上电子设备，还可以装一个只有你家猫咪的微芯片能打开的猫洞，可以在系统中设置这种程序。

猫咪需要哪些装备

我们都知道猫咪需要食物和水，如果待在室内或害怕出去的话，还需要一个猫砂盆。这并不复杂。然而，我们当中有多少人曾把猫粮、水和猫砂的盆排成一排，方便猫咪找到并使用它们？可是如果能够选择，猫咪会在离它吃饭的地方很远的地方喝水，它吃饭喝水的地方也绝对会离它上厕所的地方特别远。猫咪要的不是便捷；相反，它需要把这三个重要的用具分开，如果能了解这一点，猫咪会不胜感激。

猫砂盆

有设施是一回事，每次使用设施时不会感到受威胁是另外一回事。如果你养了不止一只猫，它们就会为猫粮或猫砂盆争斗。通常的建议是为每只猫准备一个猫砂盆，如果你有好几只猫，再多准备一个。不过猫咪越多，就越可能会发生冲突。

每天都要倒猫砂盆，要将它彻底弄干净，定期清洗。对于挑剔的猫咪来说，沾满大小便的猫砂盆可不是什么好看的风景，它可能会在家中别的地方方便。同样，如果你把猫砂盆放在狗狗能把鼻子探过来（或者偷吃几口猫咪的便便）的地方，会把正在小心翼翼地如厕的猫咪吓到；或者放在正在蹒跚学步的小宝宝能够着并抱住猫咪的地方，或者放在其他猫咪会欺负你家猫咪的地方，那你就等着猫咪再找一个不令它讨厌的厕所吧，它在新厕所里会感觉特别安全，蹲下来时也不会小心翼翼。

还要考虑猫咪的安全感。你可能会把猫砂盆放在一个你认为很安全的地方，但事实

你想过该把猫粮盆放在哪里吗？

上猫砂盆前面刚好是玻璃门，猫咪可能会觉得整个世界特别是其他猫咪都能看到它在上厕所。有些猫咪甚至可能喜欢带罩子的猫砂盆，感觉这样更保护隐私，不过有的猫咪可能不喜欢从小门钻进钻出，这会让它感觉更不自在。要看哪种猫砂盆适合你的猫咪，如果没什么问题，可能就选对了！

买猫砂盆的时候记住买个特别大的，这样猫咪就能待在里面，埋便便时猫砂不会掉出来，便便也不会被扬出来。如果你养的是小猫咪或是有关节炎的老猫，可能需要买一个四边比较低的猫砂盆，这样猫咪进出会方便一点儿。

还要考虑一下买哪种猫砂。现在各种材料的猫砂都有，纸做的、硅藻土做的、硅砂的甚至玉米做的。如果你养了好几只猫，就得买很多猫砂，并把它们搬回来。如果问行为学家，他们会花大量的时间来研究那些由于某种原因不使用猫砂盆，而是在家里大小便的猫咪，他们会告诉你猫咪既喜欢硅藻土的，也喜欢更像沙子的猫砂，因为这些和它们的祖先用的东西特别像。他们可能还会说

小猫咪很快就能学会如何使用猫砂盆。

有些猫砂非常细腻，像沙子一样。

脚软的猫咪不喜欢木头颗粒，而且很多猫咪觉得有香味的猫砂不舒服。最终还是由你来决定你家猫咪喜欢哪种猫砂，选择一款它能接受，你也方便购买并搬回家的。

如果你想更换猫砂，最好在做几次清洁期间一点点换，因为猫咪想知道发生了什么，它可不喜欢惊喜。如果某一天是这样的猫砂，第二天又变成了另外一种，猫咪可能不想用猫砂盆，会去寻找让猫砂盆发生变化的东西。所以如果想换的话，先在旧猫砂里混入一点新猫砂，这样猫咪会逐渐适应新的感觉和气味，把它跟上厕所联系起来。

要定期对猫砂盆进行清理。猫咪之所以把粪便埋起来，是因为这样做可以把气味盖住，其他猫咪或捕猎者就不知道猫咪在这个地方了。所以，如果不给猫咪清洗猫砂盆，让它在同一个地方重复如厕，气味就会越来越重，这会让猫咪特别难受。猫砂盆还会让微生物从一只猫咪传到另一只猫咪身上，是一个会发生传染的绝佳场所，所以一旦猫咪有了大小便，你可能就要清理猫砂盆（如果你用的是结团猫砂），不只如此，你还需要

每隔几天对猫砂盆消毒，至少每周一次。记住，猫咪的嗅觉比你的要灵敏许多，如果猫砂盆发出恶臭，它会很不高兴。

猫砂盆的卫生非常重要，应该先用滚烫的水清洗，然后用家用漂白剂来消毒，漂白剂可以杀灭大多数病毒和细菌（漂白剂和水的比例应该是 1∶30），再把猫砂盆冲洗干净，晾干，之后更换猫砂。

记住：不要使用滴露之类的消毒剂，因为它遇到水会变白，这通常意味着里面添加了酚类之类的化合物，对猫咪有害。

猫洞

猫洞是看守猫咪的必备品，可以让猫咪自由自在到外面去，无须把门或窗户一直开着，这样可以保证屋子的安全，而且猫咪想进来时可以随时进来。现在猫洞的可选择面很广，有无论进出都可以锁上的猫洞，也有只有用猫咪项圈上的磁铁或电子钥匙才能打开的猫洞，最近还出现了用猫咪身上的微芯片启动的猫洞。这样主人就可以选择是把所有敲门的猫都放进来，还是只放进戴磁铁的，或者干脆限定一下，只允许那些佩戴已经在猫洞系统里注册的微芯片的猫咪进来。必须要准备这些不同的设施，尤其是如果附近有其他猫咪总想拜访你家的话。

猫咪核心领地的安全性对于猫咪能否舒适地待在自己家里至关重要，所以一定要让猫洞行使它的职责。如果有入侵者，你需要采取措施，提高安全级别，把它关在门外。如果入侵者是个霸王，想要用暴力冲击猫洞的方式闯进来，那最好将猫洞关闭起来，亲自开门把自己的猫咪放进放出。如果猫咪在外面被欺负了，你还得去把它救回来。不过，

至少你的猫咪在家里是安全而放松的，因为它知道别的猫咪进不来。

教小猫咪学会使用猫洞

一旦小猫咪已打完全部疫苗，就可以考虑让它出去玩，还要让它学会使用猫洞。如果你已经安装了猫洞，而且家里还有一只大一点的猫咪，那你可能什么都不需要做。猫咪的观察学习能力非常强，小猫咪看到其他猫咪从猫洞进进出出后，好奇心占上风，很快就学会钻猫洞。的确，如果你的小猫咪又聪明、又自信，可能你要注意不要让它在你还没做好准备前就跑出去！

不过，如果你的猫咪之前没见过猫洞，就必须教它一些基本技巧。一开始，猫洞门开开关关的动作和声音可能让小猫咪感到特别害怕，猫咪在钻猫洞时对碰到它后背的猫洞门也会感到害怕，再加上它的尾巴可能会被夹到，更加深了它的恐惧。钻猫洞的感觉就像你初次浮潜一样——水面上的世界和水下世界完全不同，世界突然变了样，让你认不出。对小猫咪来说，第一次到外面广阔的世界中去可能也很吓人。

让小猫咪到外面探索的最好办法是把这个过程分解成一个一个小步骤。先用小木棍或铅笔把猫洞门撑起来，或者用胶带把它粘上，这样洞门就会大敞四开，小猫咪钻的时候后背就不会碰到洞门。可以先把小猫咪抱出去，让它从猫洞进来，这样它就会进入一个熟悉的环境，而不是面对一个完全陌生的世界。让人在屋里猫洞旁待着，鼓励小猫咪钻进去，如果它成功了，给它一个玩具或零食，来奖励它。然后慢慢把支猫洞门的高度降低，让小猫咪练习从里面钻过去，一直到

训练猫咪使用猫砂盆

现在市场上有各种各样的猫砂盆，大的、小的、带罩子的，还有内置筛砂装置的。基本注意事项是需要买个足够大的，这样猫咪能蹲下来使用，还能在里面转圈，把自己的大小便埋起来。猫砂盆的四边应该足够高，防止猫咪把粪便扬出去，但也要足够低，这样小猫咪或老猫也能很轻松地进来。把猫砂盆放在方便猫咪使用的地方，不过不要放在屋子里总是有人走来走去的地方，也不要放在狗狗或小孩能够得着的地方，否则猫咪在使用猫砂盆时会很生气。

幸运的是，等我们把小猫咪带回家时，猫妈妈已经教会它如何使用猫砂盆。如果猫咪碰到软软的东西，它就会很自然地挖，所以会自动使用猫砂盆。显然幼猫或成猫到了你家后，要不得不适应猫砂盆的位置，也要适应猫砂的所有变化。最好一开始时给它用之前用过的猫砂，这样猫咪就不需要应对新家中的太多新事物，有些令它熟悉的东西，会让它感到放松。一旦小猫咪成功学会使用猫砂盆，你就可以更换猫砂类型，如果你愿意的话。

在小猫咪吃过饭后或刚刚醒来时把它放进猫砂盆里，因为这是它最可能有大小便的时候。如果小猫咪拉在了外面，拖一下地就可以，或者用一张卫生纸把便便包住，然后放进猫砂盆里，让它知道这里是厕所。一定要温柔，并坚持这样做，猫咪很快就会养成如厕的习惯。

把猫洞门支起来，等猫咪知道这是一扇门以后再放下。

鼓励猫咪钻进来，让它习惯猫门在它背上关上的感觉。

它学会稍稍用点力来推门，让它熟悉这种感觉。如果有时候你想把猫洞关闭，让小猫咪待在家里，可以在旁边放一个能看到的标志，比如一块板子，这样当小猫咪推不动门时就不会困惑了。

一个温馨的窝

就猫窝来说，重要的不仅仅是形状、尺寸或面料，有时只是猫窝的摆放位置就会让猫咪或者受到吸引，或者弃之不用。我们大多数人都本能地不会把猫窝放在地上，因为我们都知道猫咪待在低处时会感觉不安全，特别是如果旁边有其他动物或孩子的话，就连人穿着重重的靴子咚咚走路的声音都会令它害怕。我们知道猫咪待在高处，感觉会更好，因为它不必担心上面有什么东西，还能看清下面发生的事情，而且不必自己下来。猫咪需要待在家里的高处，可能它想休息一会儿，也可能想安安静静地打个盹，或者想避开某种家庭活动或某位访客（可能是人，也可能是狗狗）。对于更容易紧张的猫咪来说，这简直是个天赐的礼物——一个能放松下来的地方。

当然，猫咪还喜欢能让它拱进去藏起来的窝。猫窝可以各种各样，有外形像冰屋的；有像大包的——四边都可以折进去，把猫咪盖起来；还有猫篮、毛茸茸的猫窝、可以挂在暖气上充分吸收热量的。不过猫咪最喜欢的地方往往是我们的床，如果我们睡在床上它会更想上来，毕竟这床那么温暖，那么安全，而且如果早上想吃东西了，主人还会捅捅它，特别方便。

一些容易紧张的猫咪喜欢缩在什么东西下面，特别是一只因脱离了自己环境而感到紧张的猫咪。当猫咪不得不去看宠物医生，或是做手术，或是做检测时，你就会发现这一点。它会坐在猫砂盆里，使劲往下躲，这样就不会被发现，或者会想办法藏在猫窝里的毯子、纸或毛巾下面。

给猫咪梳理毛发

对于短毛猫来说，人类帮它梳毛并非必须不可的事情。你这样做，猫咪可能很享受你对它的关注，但这不是对猫咪的健康至关重要的事情。然而，如果你养的是长毛猫或

猫咪会找到最柔软的窝——通常是干净的洗衣篮！

半长毛猫，那么定期（每天）给它梳理毛发就十分重要，这样可以使它浓密的毛发保持整洁顺滑，不致打结。

和本书中谈到的很多事情一样，最好在幼猫时期就给它梳理，即便那时猫咪的毛发还不太长，但猫咪能把这件事当成正常生活的一部分。

■ 用宽齿梳或宽齿刷顺毛发生长方向轻轻梳理。

■ 如果猫咪让你给它梳毛，就给它一点零食或夸奖它。很多猫咪都会非常享受这种感觉。

对有些猫咪来说，这就是设计师椅子！

康复笼

虽然猫科动物咨询局的兽医得到资助，专门研究猫类疾病，但他们不仅对复杂的疾病治疗过程感兴趣，还在研究能加快猫咪康复、增强猫咪身心健康的方式，因为到宠物医院看病会让猫咪感到特别紧张。他们发现，如果在猫咪康复笼中放入软软的、像大包似的能折起来的猫窝，猫咪会更放松，很快就会吃东西，而且康复得也更快。还可以用这些包直接把猫咪从笼子里拎出来，对它进行处理。给它量体温或检查伤口时，往往就让它待在窝里。对于猫咪来说，这会让它减少很多紧张感，也是慈善组织所说的"猫咪友好做法"的一部分。通过观察和实施这类简单法则，猫咪护理方面已经取得了大幅进展，猫咪感觉更安全、更放松。

对于容易紧张的猫咪，在家里也可以遵循相同的原则，所以猫主人要帮助它找到能放松下来的地方。很多猫咪自己就能做到这一点，它会钻到羽绒被底下，这样特别安全。但是如果有人没意识到床上那团隆起的东西是猫咪，一屁股坐在上面就坏了！

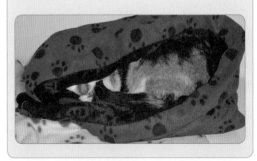

有些猫咪睡觉的时候喜欢藏起来。

■ 如果碰到打结的地方，从上面往下梳，而不是从发根处开始梳理。这可以防止梳毛成为一件对你和猫咪都很折磨的事情。

■ 如果猫咪实在不想让你梳毛，可以尝试给它一小片火腿或者它喜爱的零食，让它分神，在它吃的时候轻轻梳一点。这需要很大的耐心，要好好地哄，不过这会给猫咪很强的动力，让它最终忍受住让你梳毛。

■ 猫咪最不愿被梳理的地方是肚皮下面和尾巴一圈的毛发，所以如果可能的话，最后再梳理这些地方。

■ 如果你养的长毛猫身体非常不好，不让你梳毛，可以让兽医把它的毛发剪光，在毛发生长的过程中用非常软的梳子给猫咪梳

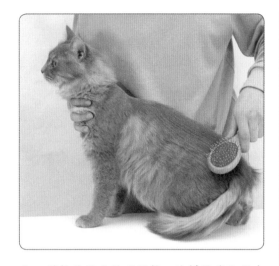

毛。刚长了短毛就开始梳，这样就能让猫咪感觉梳毛是件很愉快的事情，便能防止新毛发长出来后再次打结。等到毛发全部长好后，猫咪可能已经开始信赖你，知道你不会伤害它，并且知道梳毛是件很享受的事。再说一遍，必须要有极大的耐心。

其他清洁方面的问题

如果你养的猫咪是脸部特别平的波斯猫类型，它的眼睛可能会经常流泪，需要你定期进行清理。可以用棉花球蘸点清水或婴儿护肤油，轻轻擦拭猫咪的眼周。擦拭另一只

除去猫咪毛发上的有毒物质

猫咪不喜欢自己的毛发蓬乱肮脏，一定会保持干净顺滑，以致会在梳理毛发时吞掉一些平时绝对不会碰的有毒物质。这些有毒物质包括杂酚油、焦油、石油溶剂和其他装修材料。如果你在猫咪的毛发或脚上发现这些东西，要阻止它梳理毛发，先用清洗液把它洗掉。不要用其他溶剂或清洁用品，它们本身可能就对猫咪有害。如有疑问请联系兽医。

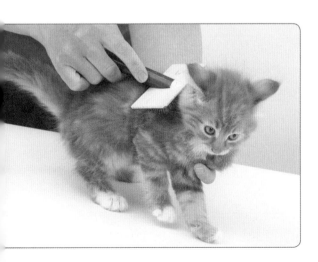

眼睛时，换一个新棉花球，然后用干纸巾吸干。不要碰猫咪的眼珠，这会让猫咪感到疼痛，下次就不让你清理了。

如果你觉得猫咪的耳朵太脏，可以试着用棉签清理。不过，大多数兽医都不建议你动猫咪的耳朵，因为猫咪耳道边缘的组织非常细嫩，很容易受伤。猫咪的耳朵之所以脏，可能是耳屎太多，但也可能有耳螨，或者皮肤受了刺激。去和你的宠物医生确认一下，他会给你一样擦拭外耳的工具。不过千万不要探得太深，以免引起更大伤害。

关于牙齿清洁的细节，请参见 121 页。

猫咪是否需要到户外去

当人们想买纯种猫咪时，也许会被告知不要让猫咪到户外去。因为人们往往认为"外面"对猫咪有风险。对于小动物来说，外面当然有各种各样的危险——主要是汽车。有时纯种猫咪在外面玩时会被偷，这究竟是因为人们认为它很值钱，还是因为觉得它好看，目前还争执不下。不过，既然外面有威胁，最好还是把它关在家里。很多人的确不让猫咪出门，有些猫咪则是自己不愿意出去，如果它的性情是容易紧张的那种，或者太老、身体虚弱，都会觉得到外面去会令它焦虑。

然而，还有很多人认为，如果猫咪需要到户外去，就应该让它去。猫咪生活中的很大一部分是我们注意不到的，它会运用自己几百万年进化来的各种感觉和才艺，按自己的本能随心所欲地做出一些行为，如捕猎、在自己的领地巡逻、做出标记、晒日光浴等。在我们的家里，猫咪其实只是它自己的一个影子，它的发动机、导航系统和武器都被关闭，一出门它们就会活起来，去捕猎、攀爬、探索……利用各种行为来磨炼才艺、锻炼身体。

猫咪是否该在夜间出门？

现在动物福利机构一致认为，在傍晚和夜间应该让猫咪待在家里，因为在这些时段会有很大的受伤害的风险。司机看不到路上的猫咪，还有碰到别的动物（如狐狸）的危险。对我们来说，夜晚总是充满各种各样的危险，当然，主要是因为我们在夜里看不清。

狐狸究竟是否会对猫咪构成威胁，目前还不能确定。有猫咪和狐狸在一起玩耍的故事，也在狐狸的窝里发现了猫骨头这样的传说。我觉得这要看狐狸的饥饿程度和猫咪的身材大小。如果母狐狸要喂养小狐狸，身边没有充足的食物，可是有很多猫咪，那它的确会去抓小猫或幼猫。猫咪和狐狸还会为了争夺猎物而打斗。但如果食物充足，它们就会相安无事，甚至开心地在一起玩耍。无论如何，如果狐狸想抓猫咪，它得特别勇敢，因为猫咪会反抗，甚至可能会给狐狸带来危及生命的伤害。所以，我认为要看具体情况，不过可能还是把猫咪关在家里安全一点儿。

如果你已经训练猫咪接受夜间待在家里的事实，它从一开始也习惯了这样的作息，那你就不会有任何问题。然而，如果你养的是一只特别活跃的、喜欢待在户外的猫咪，它已经习惯了自由自在地来来去去——无论白天还是夜间，那你可能很难训练它待在家里。而且训练的时候你可能很焦虑，特别是春天和夏天，毕竟外面那么好玩，也不太冷。如果猫咪无论如何不愿待在家里，可能你就得接受风险，把它放出去。

如果猫咪被迫靠捕猎养活自己，那它每天大约需要吃 10 只老鼠，而每抓到一只老鼠都需要进行 3 次捕猎。考虑到这些，你就会明白一只"正常"的猫咪每天很大一部分时间都花在积极寻找食物上。它还要保证自己的毛发干干净净、整整齐齐，这样就会保持毛发对触觉的敏感度，保证它们不被打湿，不会散发很重的味道，否则就会被敌人发现。猫咪会花很长时间来专心致志地梳理毛发，剩下的时间可能就会睡觉。如此看来，一只活跃的、正常的动物不会像一只被关在家里、什么都由主人提供的动物那样成天睡大觉。

所以，是否应该将猫咪关在家里，众说纷纭——主要是安全与自然行为之间的冲突。然而，大家一致同意的是，如果猫咪必须待在家里，无论是因为它太紧张，不愿意出去，还是因为它的确身处危险环境，或是因为主人根本无法忍受把猫咪置于风险之中，主人都需要想方设法为猫咪因不出门而得不到的刺激做出补偿。

让待在室内的猫咪保持活跃与警觉

一直被关在家里的猫咪与出去玩的猫咪相比少了一些风险，但它面对的可能是漫长而无聊的生活，除非主人想方设法逗它玩。如果猫咪出去玩，就不需要在室内得到大量

猫咪要活动，身心要一直受到刺激。

刺激，在外面可以锻炼身体、探险、满足自己的好奇心、追随自己的捕猎和巡逻本能，或者干脆晒太阳，呼吸新鲜空气，就连只是到花园里方便一下都可能有奇遇。

猫咪在外面玩的时候可能会练习捕猎，即使它什么也抓不到，这也会锻炼它的身体和感觉。行为学家建议，如果把猫咪养在家里，不要把什么都放在碗里直接递给它，应该让它不得不用自己的大脑和身体得到食物。主人可以买各种能让猫咪追逐时能排出食物的产品。

另外，猫咪可以自娱自乐，把食物藏在家里，藏在麦片盒、鸡蛋盒和厕纸卷筒里，用它们搭积木。用干食物和它玩"追追拿拿"的游戏，让它爬楼梯，或者跳窗台，逗引它去够食物。

你还可以在家里放一个猫咪有氧运动场，鼓励猫咪攀爬。可以买（有很多品种可供选择），也可以用盒子和卷筒自己搭。给猫咪准备一个结实的、质量好的抓挠柱，高一点，硬一点，这样猫咪可以真的伸展身体，用爪子上上下下抓挠。有些猫咪喜欢平放的可以抓挠的表面，根据你家猫咪的喜好选择。

兽医发现，很多猫咪之所以出现中毒情况，是因为不能出门，吃不到一些天然的草类。猫咪的食物中几乎不需要任何植物原料，但它需要咀嚼一些绿色食物，我们还不能确

小猫咪好奇心强，把干食物藏起来会是个超级棒的游戏。

定它为什么这样做，但可能与消化食物有关，也可能是对毛团等问题的自我治疗。如果猫咪吃不到外面的植物，它就会啃咬家里的，有时会吃到有毒的绿植或花束。把猫咪养在家里的主人要特别小心，别让猫咪碰家里的绿植。可以给猫咪准备几盆花草或药草，这样它待在室内也可以吃到绿植，而且没有任何危险。

小猫咪如果不出去，会在家里各处探索，惹各种各样的麻烦。主人必须要特别当心，不要在家里放对猫咪而言有危险的东西，电器的门也要关上，防止猫咪爬进去。

家中的危险

之所以有"好奇害死猫"的说法，就是因为猫咪太容易让自己陷入各种各样的危险境地。对于成熟、聪明的成猫来说，我们的家中几乎没有任何危险，但小猫咪的好奇心实在太重，又不懂事，甚至还能爬进各种狭小的地方，所以如果你养的是小猫咪，一定要保持高度警惕，不要让猫咪陷入危险。想想蹒跚学步的小宝宝你就知道，在照顾小猫咪时你需要给它同样的照顾和关注。特别要注意以下几点：

■ 开盖的洗衣机或滚筒烘干机。小猫咪特别容易被它吸引，尤其是在它还有温度的时候。每次使用前都要检查。

■ 热炉盘。一定不能让小猫咪直接跳上去。

■ 盆花和花瓶里的切花，不要让小猫咪咬。

■ 正在工作中的碎纸机。因为动来动去，小猫咪会对它特别感兴趣。

■ 有毒的除漆剂和其他装修材料。若洒出来，小猫咪看了会兴奋，可能会踩上去或

吞进去。

■ 一些小洞洞或开口，小猫咪可能会掉进去夹在里面。

■ 开口的烟囱。小猫会爬上去，夹在里面。

■ 带线的针。小猫咪会把针吞下去，或者线会缠在小猫咪舌头上。

■ 熨衣板和滚烫的电熨斗。摇摇晃晃的熨衣板可能支撑不住爬上去的小猫咪。

■ 电线。小猫咪会撕扯、啃咬电线，是有潜在风险的！

对很多猫咪，尤其是小猫咪来说，圣诞树和上面挂的小饰物实在太诱人了，它可能会玩那些动来动去的饰品，或者干脆钻进去，因为实在太有趣了！对于好奇的猫咪，金箔、槲寄生、冬青枝和其他一些小玩意儿尤其有危险。

猫咪需要一根抓挠柱，这就是猫咪的有氧运动场！

圣诞树很有趣，但对于小猫咪来说，它有潜在风险。

如果你家里的孩子喜欢在靠垫或家具上跳来跳去，一定要提醒他们下面可能睡着一只小猫咪！

猫咪是否需要朋友

猫咪最开始在人类附近生活，是因为人类的谷仓和住所有它需要的猎物。那些能够克服对人类的恐惧、能够与别的猫咪相处的猫咪最终可以吃得很好，能产下健康的小猫咪。这些更具容忍度的猫咪具有优势，如果有充足的食物，就能在群体中生活。那些紧密生活在一起的猫咪往往是亲戚，它们的宽容给自己带来了生存上的奖励，甚至有利于后代的成长。陌生的猫咪是不受欢迎的。

现在我们的宠物猫身上还强烈保留了这种大部分本能。对陌生猫咪的本能反应便是产生警觉，感受到了威胁。这并不意味着不能在家里再养一只猫咪，很多人都这么做了，而且很成功。它给我们的启示是：如果你想再养一只，要从这种观点出发，不要想当然地认为你的猫咪会接受另一只，一点反应都没有。要知道，想再养一只的是你，而不是你的猫咪，所以你要仔细选择新猫咪并细心地将它介绍给家中的猫咪（参见第三章）。这可能非常困难，因为住家猫咪的领地会被侵犯，它不出门，没有外面的后路可退，没有可以安安静静自己独处的地方，你需要慢慢地、小心地开始。如果你知道自己不得不把猫咪关在家里，觉得再养一只可以给你的猫咪带来刺激，还可以陪伴它，那么最轻松的方法便是同时养两只小猫咪，或者养两只已经能够和睦相处，而且习惯待在室内的成猫。

有些猫咪能接受新的家庭成员，而有些猫咪可能没这么宽容，不会接受。

猫咪还需要做什么

我们已经讨论了猫咪的捕猎活动，了解了如果猫咪不能出门，需要在室内和主人玩耍、互动，来给捕猎的本能提供一个出口。毕竟，猫咪之所以有那样的长相、那样的行为，不过是因为它是位于食物链顶端的捕猎者。如果它是食草动物，长得就会跟兔子差不多——外型由功能决定。

在捕猎这个"第一指令"的驱使下，猫咪会做出两个行为——梳毛和磨爪，它们是猫咪为了生存而让自己保持最佳状态的关键部分。无论在室内还是在户外，猫咪都会给自己梳毛，特别是放松下来时。比如说，没有被其他猫咪、狗狗或小孩子追逐或骚扰的时候。事实上，猫咪把梳毛这件事做得有些太过极致。除了清洁之外，梳毛还有其他几个功能，比如让猫咪放松，或者散布、分享气味。对猫咪来说，梳毛这件事可能还是个很大的享受——肯定从中得到某种好处，这样它才坚持不懈地梳理乱糟糟的毛团，才能时刻准备着把毛发上沾的一些它本能地知道不能吞下去的东西梳理掉。比如杂酚油，对猫咪来说这是有毒的；还有焦油类产品，会沾在它的脚爪上。这也解释了为什么猫咪喜欢我们抚摩它（只要感受不到威胁，习惯与人类接触，猫咪就愿意这样）。

正如我们所看到的，猫咪的爪子设计得特别棒，是一个了不起的致命武器，猫咪会用它们来抓捕、按住猎物，必要时还会用来自卫。在拥有这些足部武器的同时，猫咪还必须能无声地行走，所以就有了那可伸缩、可延展的神奇的爪子，它们藏在丝绒袋般的鞘里，在四处走动或捕猎时，就不会发出声音，也不会刮住东西。猫咪必须能迅速将爪子从鞘中抽出，这样才能抓住一些本身就反应能力超级迅速的小动物。猫咪的爪尖一定要特别尖锐，像剃刀一样。在厨房用过新刀的人都知道，如果不磨的话，刀刃很快会变钝，那样的话就没什么用了。但正如前面所讲的，猫咪的爪子之所以能保持尖利度，是因为指甲的外层会脱落，露出下面的新一层闪闪发光的指甲。猫咪是通过在有阻力的材料上磨爪子做到这一点的，待在户外的猫咪可以用木头或树皮来磨爪，待在室内的猫咪则可以用抓挠柱、地毯和长靠背椅的扶手来磨爪（出去玩的猫咪也喜欢在室内磨爪，也可能仅仅是因为它无法抗拒大厅里的墙纸的诱惑，特别是上面有凸起图案的）。

猫咪喜欢安全感

我们往往认为猫咪最受艺术家和创造型人群的喜爱，认为它很独立，适应能力强，不用管，它可以适应很多特定生活方式。的确，正是因为灵活性强，猫咪才成为如此受人喜爱的宠物。然而，不能就因为它的生活方式看起来很懒散——总是在睡觉、喜欢跟你互动、高兴的时候就出去走走，也不像狗狗那样上班前和睡觉前还得带它出去遛遛，就认为猫咪不喜欢或不需要安全感，认为它的生活不需要有秩序。的确，我们往往认为，因为有我们的"保护"，猫咪什么都不用担心。但它可不这样想。虽然它是我们所说的那种位于食物链顶端的捕猎者，但它有时也会成为某些动物的猎物；由于身材小，它会被狗狗、猫咪或其他可能碰到的动物严重伤害。

最放松的猫咪是那些非常自信的（感觉

自己能应付各种变化和挑战），还有那些知道在自己的生活中会发生什么的猫咪。安全感意味着知道其他猫咪不会进入它的窝（你的家），也不会在它每次外出的时候欺负它；还意味着知道会发生什么事、何时发生，如家里的事是如何有条不紊地进行、它什么时候开饭等。如果没有太多意想不到的事情，猫咪就会有安全感。猫咪越是对自己和周围环境不确定，就越是想知道接下来会发生什么，这会令它很放松，也就不用担心了。所以，有些猫咪喜欢规律的生活，主人可以利用这一点让猫咪感觉更安全、更放松。这里再一次说明了我们应该从猫咪的角度思考问题，了解在猫咪的世界中什么是重要的，而不是纯粹从我们的视角看问题，期望猫咪做出与我们的愿望相符的行为。

那么，既然我们知道猫咪喜欢安全的感觉，究竟哪种事情不会让它感到威胁呢？这也视猫咪而定。总体来说，它不喜欢陌生猫咪出现在它的领地，陌生的、发出很大声响的、侵犯它地盘的东西都会让它跑开并躲起来。有些猫咪只要一看到陌生人进入家门或听到门铃响，就会感觉受到威胁，而有些猫咪则可以在极其混乱的家庭中生活，连胡须都不会动一下。

如果猫咪感受到了威胁，通常它的反应是离开那个环境，把身体缩起来，安安静静

不要盯着你的猫咪看，可以冲它眨眼，因为猫咪会把直视当成挑战。

与猫咪成为朋友

■ 要悄悄地、缓慢地靠近猫咪，不要把它吓到。

■ 不要盯着猫咪看，看它的时候要眨眼，否则它会把你的注视当成威胁。

■ 抚摩令猫咪感到放松的部位。最开始时可能要摸摸它的头部和背部。

■ 不要挠猫咪的肚皮和其他部位，否则它可能会觉得被侵犯，从而采取防御性行为。

■ 不要抓猫咪的爪子，也不要玩弄它的尾巴。

■ 如果猫咪不想被你抚摩，一直在挣脱，那就让它走开，你可以过一会儿再尝试。

■ 如果猫咪有些焦虑，情绪不稳，就要缩短与猫咪的亲密时间，而且要让猫咪感到愉快。

■ 了解自己的猫咪最爱吃什么食物，用这种食物来鼓励它与你互动。

■ 多和猫咪玩耍，观察它喜欢哪类游戏，利用这类游戏来引导它与你互动。

地待着，希望自己没被注意到。如果受到进一步威胁，它会让自己看上去大一些，抖动毛发，站到一边。它会尽力显示自己的实力，这样当它跑开时，对方就不会把它当成弱小的攻击对象；当它受到攻击时，还可能会摆出一副自卫的姿势。

所有这一切都是你要了解的，观察它的身体语言，看看它喜欢什么，不喜欢什么，会对什么做出反应，什么会让它旋转个不停。想一想一只猫咪在大自然中会做什么，然后尽力去理解你的猫咪在居家环境中的相同行为。

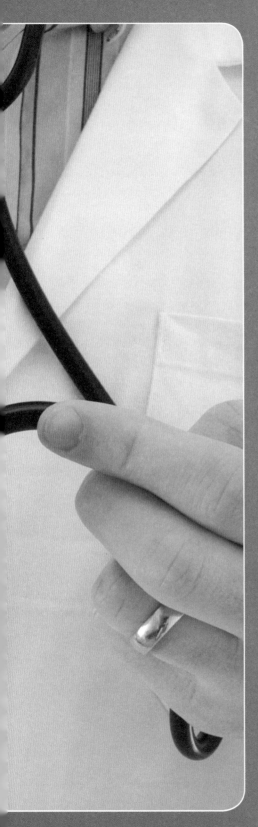

第六章

让猫咪保持健康

猫咪不是小狗狗

任何一个熟悉猫咪行为的人都知道，"猫咪不是小狗狗"这个说法确实是真的。将它运用到猫咪的健康问题上你就会发现，这个说法不仅仅是真的，而且还在悄悄地提醒着你：不可以想当然地把适用于小狗狗的诊断与治疗，以一定比例缩小后再用在猫咪身上。

猫咪当然有它自己独特的心理活动、疾病和对药物治疗的反应。不过，由于小狗狗在过去是珍贵的役用动物，所以在兽医历史上，同样都是对小动物的疾病治疗研究，小狗狗的要比猫咪发展得更快更早。因此，爱猫人士和对猫科动物感兴趣的兽医，在20世纪60年代初重新开始研究猫科动物医学。

猫咪除了与小狗狗有不同的生理机能，它还有自己的一套行为模式，而且这使得人们很难发现它的疾病。猫咪的行为一直以来都让人摸不着头脑，然而这也成为那么多人对猫咪着迷的原因。你需要成为一个好侦探，能够通过蛛丝马迹，读懂一只猫咪！所以，当我们谈到猫咪的健康问题时，它还有哪些障碍呢？

伪装大师

通过看一只猫咪来判断它的岁数显然非常困难。确实，在它一两岁的时候，猫咪有着年轻的面容和精力，可以给我们一些头绪。然而，许多猫咪在步入中青年之后似乎看不出年龄了。当小狗狗年龄上了两位数，基本上它的鼻口部、脸上的毛发都变灰白，行走越来越不便，身形也会发生改变，这非常正常，因为它在不断变老。可是，童颜猫咪的毛发不会变白，而且它一定会骗到你，让你完全猜不出它的真实年龄。如果有只猫咪看上去很老，那它可能真的非常非常老了。

猫咪特别会掩盖自己的病痛。

喝水习惯上的改变可能是疾病的征兆。

即便身体不适，猫咪也看上去容光焕发

猫咪是捕食者，但在捕食者与猎物相遇时，它总处于死亡的边缘，而且死亡率位居首位。就像我多次指出的那样，虽然猫咪本身也是小的捕食者，但却有许多别的动物（甚至包括人类）乐于将它当作猎物。当然，猫咪自己也很清楚这点。它不像小狗狗，遇到困难可以躲在狗群里。当面对威胁时，它的同类动物不会和它形成统一战线，一致对外。猫咪是一种在躲避危险时只能依靠自己的小动物。因此，它需要确保自身没有对外展现出一丁点脆弱和无能，以防伺机的捕食者注意到它。

也许正是因为这个原因，猫咪在生病的时候才不露病态，成了人们眼中的伪装大师。它不会像小狗狗那样哀鸣，只会变得安静，自己坚忍疼痛，除非你注意到它正常行为中的小变化，否则你永远不会再去看一眼它的"反常"。

当疾病已经显现出来，说明猫咪病得不轻

猫咪能长时间隐藏生病的迹象，而且许多器官几乎能保持正常运作，直到病情严重到一定程度。此时，对于猫咪来说，已经算是病入膏肓了。比如说，年老的猫咪经常患

有肾病。猫咪的肾是一个不可思议的器官，它能够正常运作，直到 75% 的肾受影响，才会露出迹象，如大量喝水。所以，当我们开始注意到猫咪病了，可能病情已经比想象中的严重许多。

当猫咪年纪大了，更多复杂的东西都会出错

虽然年轻的动物也会生病，但它们大都一次只患上一种病，而且可以被单独治疗。然而，当猫咪年纪大了，一个器官或者整个身体系统出错的概率会不断上升。不仅如此，随着年龄上升，存在多种疾病并发的可能。因此，再提醒你们，时刻关注自己的猫咪是值得的。

注意观察行为上的变化

正如刚才提到的，猫咪生病的时候经常变得很安静，上厕所时会跑去花园而不是用自己的猫砂盆……可是主人家务繁忙，这些表明身体有恙的迹象都不是非常明显。可能猫咪跑出去喝水只是因为它更喜欢雨水而不是托盘里的水，所以主人甚至都不会观察到猫咪口渴的次数变多和饮水量的上升。没有猫砂盆，主人可能发现不了腹泻，或者是尿量变化，自然也不会将这些迹象当回事儿。如果猫咪只是单纯变得安静，更嗜睡，没有

> **猫咪不喜欢坐车，更别说去看兽医**
>
> 猫咪讨厌被放在篮子里，甚至只要一从篮子里出来，就消失在主人的视线中。所以，你不得不将它放在车子里。不过很明显，猫咪并不喜欢坐车。所以，主人也不喜欢带猫咪去兽医那里看病，可能会因此不断推迟，直到猫咪看上去已经非常糟糕。然而，有许多办法可以改善看病的过程，所以不要失去希望（参见 136 页）。

人会去问问题。如果它不怎么和主人互动，有些小脾气，这需要细心的主人在生活忙碌之余，将细节记到心里，多多留意它，因为它的身体可能确实出了些问题。

给猫咪服药

猫咪总有办法让人们很难照顾它。无论是拥抱它还是轻抚它，它都无所谓，但只要我们想控制它，给它喂药，它就本能地知道我们在做什么，然后试图逃走。所以喂猫咪吃一粒药最终会变成巨大的挣扎。

不出意料，在此情形下，需要有"献身精神"的主人坚持到底。可惜的是，治疗经常在开始后就被废止，特别是当成效甚微时。但完成抗生素类药物的一整个疗程是非常重要的，这样其耐药性就不会因此增长。

给你的猫咪吃药片

照顾猫咪的困难之处就在于它很会躲避，有着与体型不完全对等的强大能量，以及当它非常恐慌时伸出的锋利爪牙，都会对人造成伤害。所以，一直待在猫咪身边的人，若想要成功，那唯一的做法就是冷静、坚持、温柔。

■ 首先，将猫咪放在桌上。用粗糙的东西垫在它的脚下，最好是一条毛巾或者一张垫子，可以让它依附在上面。在你熟悉这个过程前，最好请一个帮手协助你，这样你就不用一个人和猫咪斗智斗勇了。

■ 用你的身体、手臂将猫咪包裹在一个小范围内，做的时候温柔点，尽量不要让它察觉到。手先包住它的肩膀和胸口，如果你害怕被抓伤的话，可以用两只手的最后两根手指头轻轻抓住它的前腿。

■ 如果猫咪扭来扭去，在尽力挣脱你的束缚时可能会抓伤你，那就拿条大点的毛巾，把它放在桌子上用毛巾全部包起来，只露出它的头就可以。

■ 用右手大拇指和食指夹住药片（如果你习惯用右手）。

■ 用左手控制猫咪的头，将大拇指和食指放在它的下巴两侧，这样做可以让猫咪张开嘴巴，并且能够固定住它的头。

■ 用拿药的那只手的手指轻轻将它的头向上倾斜。一旦它的头向上，它就很难自己夹紧下巴。

■ 将右手的中指放在猫咪的两个尖牙中间，把下巴往下拉，扒开它的嘴巴。

■ 手指一直放在猫咪下巴前段保持其嘴巴张开，把药片快速塞进嘴巴最里面。

■ 将按住它头部的手渐渐松开，这样就可以吞下药片，再把它的头恢复到正常位置。

你的速度越快，动作越温柔，猫咪就越不会察觉，你所担心的"悲剧"就越不会发生。

如果你给猫咪喂药片真的遇到些问题，那就询问兽医，看他有没有别的方法，或者

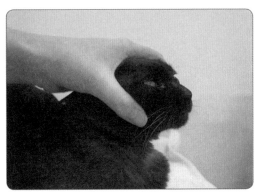

将大拇指和食指放在它的下巴两侧。

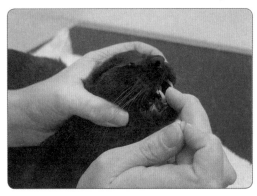

手指捏住药片，将它的下巴向上倾斜，轻轻扒开它的嘴巴。

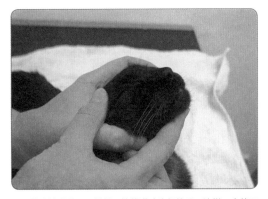

一旦药片放进嘴里，就松开按住猫咪头部的手。这样，它就可以吞下药片。

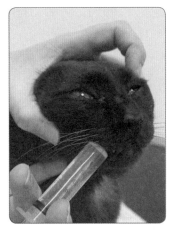

如果有些药片不能顺利下移，就可能会对它的食道造成损伤。给猫咪注射小剂量的水，有助于药片顺利下移。

能否将药片换成更易服用的。现在，有越来越多的生产商为了帮助猫咪主人，专门把猫咪的药片做小，或者做成流线型，甚至更好吃，便于猫咪服用。这样，主人就不用与之斗智斗勇了。事实上，如果那些公司能够想出更好的喂食办法或是做出更好吃的药片，使得大部分猫咪都会吃（永远做不到所有的猫咪都会吃），那猫科动物咨询局就会给予那些公司奖励。许多药片必须整片服用，因为它们的表层会在胃里慢慢释放药性；也有些药片可以被压碎，一点点喂，或者混进金枪鱼——猫咪喜欢吃的食物里。但你必须事先问兽医，压碎药片再服用，会不会使得药片损失药性。另外，有些药片压碎后再吃，味道会非常糟糕。

许多药片如果长时间留在食道里，可能会造成伤害。所以，若是可以的话，应该在猫咪吞下药片后，在它的嘴巴里往下注射小剂量的水，这样能把卡着的药片一并"带"下去。操作时，把注射器轻轻放在猫咪的颊齿中间，配上一定量的水，缓缓注入，猫咪也好更顺利地服用药片。如果这对于你来说，很难办到，那也无妨，可以给你的猫咪吃一小块黄油。要是它不想直接吃，就涂一点点在它的鼻子上，它一会儿自己会舔掉，在这个过程中，会将吞下的药片顺顺利利"带"

到胃里。

你也可以用药丸发射器（喂药器）将药片射进猫咪的嘴巴里，这样一来，你的手指就可以休息了。你可以问问兽医有关喂药器的信息，或者去宠物店找找看，你会发现还有许多喂药器同样可以当注射器用，因为它也能向猫咪嘴巴里注射水。不过，由于喂药器是用强塑制成的，所以用的时候千万要当心，不要用力过猛，否则会伤到猫咪的嘴巴。

给猫咪一个准确的跳蚤或者蠕虫治疗药剂

幸好，给猫咪的治疗药物有许多都可以直接涂在猫咪的身上。特别是抗寄生虫的药物，现在都通过一种"准确疗法"进行。使用时，将猫咪头颈后部的毛发分缝，把皮肤露出，然后将药物沿着颈部涂。这样操作，猫咪经常不会察觉。

给它用滴眼液或者眼药膏

比起真正的治疗，猫咪可能更抵触的是限制它自由活动。此时，和喂药一样，需要主人稳住、坚持和温柔。

■ 右手拿着眼药膏或者眼药水瓶准备好，左手从它的耳朵上部到下巴下部位置固定住脑袋。这可以让它的一只眼睛闭住，另一只眼睛正好能张开。

■ 将它的头向上仰一些，用大拇指和手指将眼皮拨开。

■ 把眼药水滴在眼球表面，或者沿着下眼睑，挤一小条眼药膏。

■ 帮猫咪合上眼睑，轻揉，使药物扩散至整个眼球。

■ 需要的话，另一只眼睛的做法也重复上述步骤。

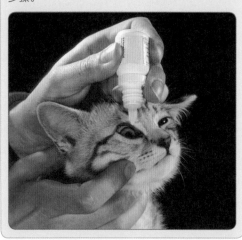

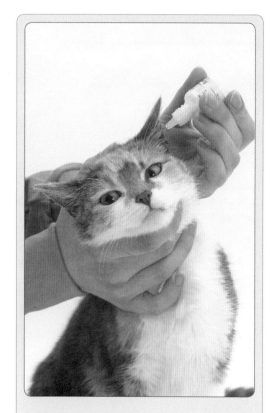

滴耳液

手上准备好要用的耳液瓶，固定住猫咪，轻轻地倾斜它的脑袋，把需要治疗的那只耳朵朝上。

■ 按照规定剂量，快速挤出几滴耳液。

■ 将猫洞关上，防止它窜来窜去把耳朵里的液体甩掉。

■ 轻轻按摩耳根，有助于液体往下流。

我是不是应该为猫咪准备一个急救药箱

虽然说，为防猫咪发生意外，事先准备好急救药箱是一个好主意，但事实上，你能放在药箱里的东西少之又少。你总不能把给人用的治疗刮伤、擦伤的消毒药水也放在里面吧？那太不明智了，因为这些药物都对猫咪有害。如果需要的话，杯子里一药匙的盐水就可以用来清理猫咪擦伤的伤口。如果伤口很深，那就用布或者毛巾将伤口包扎好，带它去看兽医。

同样，如果猫咪在摔跤后受伤，或者被车撞、烧伤及突然昏迷之后受伤，最好的去处应该是兽医那儿。把猫咪放在猫咪便携箱里，或是用毛毯将它裹好，轻轻放进车里，确保它不会在路上乱动。

因为用绷带包扎猫咪非常困难，而且它很有可能会自己挣脱开，所以兽医护理一直是最好的选择。

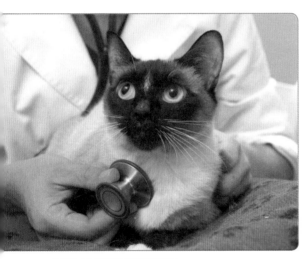

定期检查可以帮助尽早发现问题。

常见问题

和人类一样，猫咪也会受到各种各样的病痛折磨。有些病是由于感染因子引起的，其他的则是由于营养问题。有些在年老的猫咪身上比较常见，而有些在年幼的猫咪身上常见。有些病很复杂，在这里也就不赘述了，

如果你想了解更多，可以访问猫科动物护理的相关网站。

传染病

在猫咪的生命中，很容易感染传染病，比如猫流感、猫白血病、猫免疫缺陷。因此，我们可以给猫咪注射疫苗，而且建议大家这么做（参见 109 页）。

猫白血病

猫白血病病毒通过破坏白细胞，影响免疫系统，从而导致猫咪更易感染传染病或者其他疾病。那些永久被感染的猫咪（有些可以将病毒赶出体外）可能会有患重病的危险，比如贫血和癌症。特别是不到 6 个月大的小猫咪尤其容易永久传染。

有 80%~90% 的受感染猫咪，在诊断出白血病之后的 3 年半里就死了。

越是猫咪聚集的地方，白血病感染的概率就越大。这是因为，被感染猫咪的唾液里有大量的病毒，所以近距离接触，比如刷洗时，在同一个碗里吃东西时，都会导致病毒传播。这个病毒同样也会从猫咪妈妈传给它的孩子们。因为病毒既有可能在子宫内传给小猫咪，也有可能在出生后，通过喂奶传染给小猫咪。

如果你的猫咪中有一只感染了病毒，在处理的时候需要考虑到其他猫咪的健康问题。你的兽医会给你最好的建议。

猫免疫缺陷病毒

这个病毒也会影响免疫系统的细胞，它会破坏和杀死白细胞，因而免疫系统受损，并且控制体内的癌细胞。因此，免疫系统病毒感染的猫咪有极大的感染疾病的风险，传

染病毒、细菌或者别的微生物。

由于猫咪唾液中含有大量猫免疫缺陷病毒，所以病毒通常通过猫咪间的撕咬和打斗传播。因此，未被阉割的公猫有着被感染的高风险。一只猫咪在任何年龄都会被感染，但是从被感染到出现临床症状，有很长的时间间隔。不仅如此，疾病经常会在中老年的猫咪身上显现出来。虽然说猫免疫缺陷病毒和人类的艾滋病病毒在种类形态上类似，但是接触猫免疫缺陷病毒阳性的猫咪对人不会有传染的风险。

猫流感

虽然宠物猫也会感染猫流感，但是在猫咪集聚的地方如猫舍、救助中心、野猫部落才是猫流感最常见的地方。

猫流感与两种病毒有关联——猫科杯状病毒和疱疹病毒。这些都会对呼吸系统造成影响，包括眼睛和嘴巴。被感染的猫咪会患黏性眼痛、口腔溃疡，会流鼻涕，还有可能失去食欲、发热和情绪低落。

对于那些免疫系统出问题的猫咪，猫流感事实上会很严重，甚至是致命的。虽然大部分猫咪会恢复，但在以后的日子里，很多猫咪却会因此长时间流鼻涕、打喷嚏。猫科疱疹病毒会滞留体内，如果猫咪感觉到紧张，那流感就又会发作。

无论对于猫咪还是它的主人来说，这都是痛苦的疾病，所以我们最好在猫咪8周的时候，通过注射疫苗，降低其得病的风险，并在2周之后重复注射。根据猫咪的生活状态，在接下来的日子里，每年都要带猫咪去打加强针。这两种病毒很容易附着在衣服、鞋子、手和器皿上，所以即便猫咪们未曾谋面，也能互相传染。

猫肠炎

虽然现在猫肠炎不怎么常见，但是它仍旧存在，并且让患有此病的猫咪非常痛苦。它会导致严重的腹泻，甚至会让许多猫咪，尤其是小猫咪丧命。猫肠炎的罪魁祸首就是细小病毒，可以长时间存活并且很难灭除。它大部分通过粪便传播，而且也会通过餐盘、衣服、手、床和家具传播。预防猫肠炎，接种疫苗会很有效，而且持续时间长。

猫腹膜炎

猫腹膜炎是由猫冠状病毒引起的疾病。冠状病毒其实很常见，而且大部分猫咪感染后不会发生任何健康问题，只是这种病毒会在猫咪体内突变，而恰恰是突变后的病毒形态会导致猫咪患腹膜炎。

虽然任何年龄的猫咪都会得病，但是大部分案例都集中在年龄较小的猫咪中。这也许是因为它们的免疫系统还没有完全发育好，又或是找新家的压力、阉割、注射疫苗或者其他并发症，都会让年幼猫咪更容易患此疾病。

猫腹膜炎会带来各种各样的问题。它的特征非常明显——腹部充满大量液体。同时，被感染的猫咪还会变得易昏睡，可能会没什

预防胜于治疗

基于上面提到的几点原因，关于猫咪可能出现的问题，能避免就尽量避免。接种疫苗、定期除虫和体检对于猫咪来说极为重要。作为主人，你还需要了解猫咪的标准体重、偏好或讨厌哪些食物及猫咪的行为模式，这样的话，如果它出现任何反常行为，你就会在第一时间注意到。本书99页中的一些提示会对你有所帮助。

么食欲。在有些案例中，猫咪的神经系统也会受到影响，变得非常不稳定。不幸的是，一旦疾病被发现，它会恶化得非常快，而且通常会致命。

藓

藓是由一种生长在皮肤上的真菌引起的传染病，通过孢子传播，可以存活超过 2 年的时间。感染发病有时只是轻微的，不严重，而有时会导致严重的皮肤疾病。典型的皮肤损害一般来说是循环的。毛发脱落时，皮肤可能会红肿和瘙痒，尤其是在头、耳朵和爪子上。

藓也会传染给人，所以照顾被感染的猫时千万要小心。兽医可能会给你开处方药，可能还会给你用一种洗发剂。同时，你还需要把这间屋子里外打扫一遍。随后，兽医会给猫咪做检查，确定它已经不再被感染。

营养问题

对于猫咪来说，适当的营养是很重要的。因为它可食用的食物范围比人和狗狗狭窄得多。打个比方，狗狗和人都可以奉行素食主义，而猫显然不行。

大部分猫咪吃的都是品质良好的食物，所以我们现在很少看到猫咪或者小猫咪会缺少某一种营养素，而常见的是肥胖症。对于那些想要改善猫咪身体健康的主人来说，这一疾病无疑又会令人伤透脑筋。根据英国新动物福利法，有许多主人由于小狗狗极度肥胖而受到起诉。

我们需要弄清的是，吃得太多和吃得太少，后果都是糟糕的。假如说，动物非常胖，可能说明主人太爱它了，而不是爱得不够。而且，主人在喂它的时候不能够控制好适当

的量，因为在他们心中，喂养它，是因为关心喜欢它。动物营养不良可能源于主人疏于照料，要么是在喂养环节中出了错，要么就是没有很好地给它治病。但是这个结果对于动物来说是一样的。我们常看到猫咪的脸都快成方形了，因为它太胖了。还有许多关于"胖猫咪"的笑话，事实上并不好笑，因为肥胖会导致很多健康问题，而且会让它的代谢系统更易紊乱，比如糖尿病和关节炎（参见 113 页，有更多关于喂养的信息）。

牙病

如果你的猫咪已经超过了 3 岁，那么它很有可能会患牙龈炎。猫咪经常会有颈部损伤，正好位置也是在口腔下方，是牙齿消耗时连带的地方。而损伤留下的洞，会让猫咪感到非常疼。所以这些牙齿需要被拔掉。理想的话，应该每年都带猫咪做口腔检查，这对于它的健康来说也非常重要。

同样，你也需要牢记，除了骨折，或者兽医建议的定期牙齿检查，其他的治疗费用都不包括在很多的保险单里。

牙病带来的不适，很有可能会导致口臭、食欲降低。同时，口腔里的病毒还会影响别的器官。

肾病

猫咪的肾脏一直都非常神奇。它们会得病，会受到伤害，但是依旧能长时间正常运作。因此，当我们发现猫咪出现问题时，比如喝水多、尿多，就说明肾脏已经失去了浓缩尿的能力，差不多只剩下 1/4 的肾脏还能工作。

肾脏对于身体健康非常重要，因为它们

涉及体内的水平衡和排泄，如果不能正常工作，那么猫咪很有可能身体不舒服，而且有可能没有食欲。当然这也意味着身体不再吸收它需要的营养，并加重病情。

食疗和药疗都可以帮助维持一部分的肾脏正常工作。如果兽医愿意这么做，觉得通过猫咪皮下积液给它补充水分的做法是适当的话，那主人不妨尝试。还是这句话，越早发现问题，肾脏就能越快得到照料。

肾脏问题大都困扰着年老的猫咪。所以，建议主人们，如果猫咪超过 7 岁的话，需要做尿检。超过 11 岁的需要验血检查，超过 15 岁的猫咪应该每年看 2 次兽医，因为肾脏和其他疾病很难显现出来。

糖尿病

7~10 岁的猫咪患病，最常见的是糖尿病。和人一样，这都是因为缺少胰岛素导致的。胰岛素由胰腺产生，流入血液中，它扮演的主要角色是使细胞能够吸收葡萄糖——体内的能量源。如果细胞无法吸收葡萄糖，那么就开始利用脂肪和蛋白质作为能量。这最终导致体重下降和其他问题。而尿液中不含葡萄糖，随着尿量增加，猫咪喝水就会越喝越多。结果就会出现糖尿病的常见症状。这个症状和甲亢、肾病的症状一样，尽管食欲提升，体重却减小，饮水量越来越大。

糖尿病越早发现越好。所以，我们建议，当猫咪过了 7 岁，就需要例行检查尿液。猫咪糖尿病通常是可以治疗的。尽管它需要主人足够多的投入，但这个过程是非常值得的。

有许多事情需要注意——如果猫咪变胖了，这很有可能是它已经患有或者会导致糖尿病。解决肥胖症可以有效治疗糖尿病。而

爱看电视的猫！

且，对于患有糖尿病的猫咪，我们还会有低碳水化合物的猫粮。然而，大部分患有糖尿病的猫咪需要注射胰岛素，兽医也会教你怎么给猫咪注射。在有些案例中，有些猫咪的糖尿病会自愈，也有些是需要终生接受治疗。

甲亢

在过去的 15 年里，有一个猫科疾病为人所知，那就是猫甲亢，这是由于猫咪甲状腺过度活动所导致的。这会影响到许多方面，比如体内的新陈代谢。患有甲亢的猫咪经常会感到饥饿，吃很多东西可是体重却减轻，而且皮毛看上去状态不好。

治疗甲亢，可以通过手术，移除甲状腺；或者如果你足够幸运，住的地方离宠物医院很近，便可以用放射性碘治疗它，这个方法非常有效。患有甲亢的猫咪可能也会有心脏和血压问题，所以兽医同样也要检查你的猫咪是否已经患有这些疾病。

关节炎

直到现在，我们才发现年老的猫咪得关节炎是有多么常见。因为猫咪特别善于隐藏不舒服和病痛，不会像小狗狗一样走路一瘸

一拐，所以我们会认为它是健康的。但是实际上，当调查人员看年老猫咪关节的 X 光片时，会发现有多处损伤。当医护人员给它上消炎药物之后，它又像生龙活虎的小猫咪了，如之前一般活蹦乱跳。

患此病的问题在于，这个紊乱进展得很慢，尤其是猫咪活动的少，而不是多动、行为怪异，所以我们一般很难察觉它举止上的变化。但是，有关节炎的猫咪可能不会跳上它经常休息的高处，或者从楼梯上跃下，或者爬楼梯，而且它可能因为一动就会疼，所以越来越不好动。但是，它也不可能走路一瘸一拐，哭泣，或者做些引人耳目的举动。因此，就像前面所解释过的，这全得靠主人做侦探，洞察猫咪行为上的变化。如果它真的不舒服的话，就要及时为它寻求帮助。

猫咪的一生

你的猫咪能活多久

由于体型原因，猫咪可以活很久。通常来说，一个动物的寿命与体型成正比（除了人类、乌龟和其他一些动物）。一只小老鼠寿命很短；一只小兔子的寿命会稍微长一些；

猫咪会传染疾病给你，或者你会传染疾病给猫咪吗？

有些疾病和寄生虫是人类和猫咪互相传染的。动物疾病若是可以传染给人，我们会叫它动物传染病。但是对于大多数人来说，这个可能性不大，而且危险也不大。然而，对某些人，它却有着极大的威胁，这是因为他们的免疫系统并没有在正常工作。高危人群包括婴儿、老年人、生病的人，或者那些我们专门叫作免疫抑制的人。比如说，接受过抗癌治疗，艾滋病患者，或是接受器官移植后，正在服药防止器官排斥的人。对于这些人来说，无论是从人还是从动物那里受到的感染，都会非常严重，只是从人那里传染疾病会更常见。有时候，人们也可能将疾病传染给猫咪，比如耐甲氧西林金黄色葡萄球菌。

许多猫咪得的病都是物种特异的，只有猫咪才会得，比如猫白血病、猫免疫缺陷病毒和猫流感。但是，有些病如皮肤癣、猫蛔虫、猫弓形虫和一些胃肠疾病，是可以传染给人的。孕妇尤其得当心，但也不要害怕，没必要隔离猫咪，只需在清理托盘的时候戴手套或者找个借口让别人帮你做！

如果你的家里有人属于高危感染人群，那以下的信息对于你们将非常重要。

■ 接触过猫咪或者动物的排泄物之后要洗手；吃饭前、刷牙、戴隐形眼镜前或者吸烟前都要洗手。

■ 保持猫砂盆清洁，使之远离准备食物的区域。

■ 及时拿走没有吃完的食物，防止它变质。

■ 人的餐盘、餐具应远离猫咪。

■ 如果猫咪有腹泻，那么高危人群应该避免清理猫砂盆，或者应该在通风的环境里戴手套清理。之后，再给猫砂盆和周围区域消毒。

如果你被猫咪咬了或者抓伤了，应该立即清洗伤口。如果你有伤口被猫咪舔过，也要及时清洗。被咬后立即就医，猫咪咬过的地方可能会留下永久伤痕，而且会留下感染，日后会酿成大病。属于高危人群的尤其要当心。

要给猫咪接种疫苗，治疗跳蚤和蠕虫；猫砂盆要保持干净，经常消毒；多洗手。这些做法都是常识，而且也是照料好猫咪的一部分。

小狗狗的寿命在 7~20 岁之间，而这也取决于它的品种、体型和生活水平。猫咪的体型不比兔子大多少，兔子能活到 8 岁，猫咪却能活到 12~14 岁，而且对于猫咪来说，活到十几岁，或者 20 岁出头一点也不稀奇。

有些人说，不成比例的寿命是因为猫咪睡得多。它们看上去是很健康的动物，可能是因为它们仍旧是我们常说的普通猫或是混血猫。在大自然的选拔过程中，公猫和未绝育的母猫随机配对，交配后孕育后代。实际上这就是"适者生存"（至少，那些猫咪的生殖器官逃过了手术刀）。纯种猫咪的问题在于，它们是由数量有限的猫咪孕育而得，有着很小的基因库，而且以特定方式相互联系在一起。如果一旦在小范围内出现问题，猫咪就很有可能患有遗传性疾病。因为几乎没有新的基因插入，所以这会在紧密联系的群体内扩散开来。然而，许多纯种暹罗猫和缅甸猫事实上可以活到十几岁。所以，任何在品种内出现的问题，都不会成为威胁生命或者折寿的疾病。

我在猫科动物咨询局的工作就是定期检验猫咪的健康问题，以及主人和兽医该如何帮助猫咪活得更久、更健康。2008 年，在猫科动物咨询局成立的第 50 周年，人们启动了一项名为"猫咪一生健康"的浩大项目。从这个项目中，我们对猫咪及它们的年龄、生命阶段都有了全新的认识，关于猫咪年龄及健康问题上的思考也更具意义。为了做到这一点，我们将猫咪生活的每一个阶段都视作它经历的一生。我们得出了 6 个阶段。

专门治疗猫科动物的兽医组成了猫科动物咨询局的专家团队，我和他们一起工作，开展研究。猫咪每个阶段的成长、行为、不同时期患不同疾病的可能性都被计算并考虑在内。比如说，阶段一"小猫咪"，它涉及一生中的头 6 个月。猫咪在这段时间内成长得很快，而且性方面都还不够成熟。"年少时期"是从小猫咪时期一直持续到 2 岁左右。在这段时间内，猫咪在体型上已经长成，而且已经明白如何生活。猫咪的"黄金时期"是 3~6 岁，这时它的身心方面都已经成熟，而且非常健康，有活力，看上去容光焕发，是它生命中最好的时期。"成熟时期"是猫咪 7~10 岁，相当于人类四五十岁的中年时期。"老年时期"是猫咪 11~14 岁，相当于人类 70 岁左右。最后，"衰老期"一词用在超过 16 岁猫咪的身上，但很多这一阶段的猫咪表面上根本看不出已经"年事已高"了。

这个图表展示了猫咪不同的生命阶段及相对应的人类年龄。猫咪的毛发很少会变灰白，而且连得了关节炎这样的疾病都很难显病态，所以表格里的各个阶段告诉我们：即便猫咪表面还没显老，可实际上已经年龄很大了，更需要我们珍惜它。

	生命阶段	猫咪年龄	对应人类年龄
跳跳虎 3 个月	小猫咪 出生至 6 个月	0~1 个月 2~3 个月 4 个月 6 个月	0~1 岁 2~4 岁 6~8 岁 10 岁
糖糖 13 月	幼猫 7 个月至 2 岁	7 个月 12 个月 18 个月 2 岁	12 岁 15 岁 21 岁 24 岁
罗西 3 岁	青壮年猫 3~6 岁	3 4 5 6	28 32 36 40
尼莫 8 岁	成猫 7~10 岁	7 8 9 10	44 48 52 56
乔治 13 岁	老猫 11~14 岁	11 12 13 14	60 64 68 72
月季 16 岁	衰老猫 16 岁	15 16 17 18 19 20 21 22 23 24 25	76 80 84 88 92 96 100 104 108 112 116

由英国猫科动物咨询局提供。

预防疾病

疫苗

50 年前，我们甚至无法辨别猫咪的大部分疾病是什么。许多猫咪死于疾病，而我们就将其看作猫与猫之间互相传染的疾病，无法辨别感染器官，甚至没有做任何尝试去控制它们。然而，我们经历了这50年的努力，走到了现在。如果你和那些从猫咪救援中心回来的人交流，他们就会告诉你，猫咪得了流感和肠炎是我们每天没能好好保护它的后果。我们可以给猫咪接种大部分感染病的疫苗，但需要合理利用。确实，我们担心疫苗会有副作用。

虽然副作用不会带来很大反应，比如针管处会有肿块（几周之后就会消除），或者猫咪在当天变得有些安静，脸色不大好，但是偶尔也会有猫咪反应非常剧烈。比如说，在非常非常少的情况下，猫咪注射部位的肿块几周都消不掉。如果发生这种事情，你应该和兽医及时沟通。但接种疫苗的风险小，作用大，因为它能保护大部分的猫咪免受疾病的痛苦。疫苗自然也不是百分之百的有效，但是它能提供不错的保护措施。假使猫咪真的感染了疾病，病情也不会非常严重。

对于许多不同疾病都可以通过接种疫苗来预防，因为大部分疾病都是由病毒引起的。我们所担心的是疱疹病毒和杯状病毒，这两者都是猫流感的组成部分。还有像导致肠炎和严重痢疾的猫细小病毒，对那些年幼的小猫咪，往往是致命的。这些都是我们接种疫苗需要预防的最基本的疾病。病毒不仅会从猫咪传到另一只猫咪身上，而且会留在人的手上、衣服上、鞋子上，以至于即便你的猫咪没有外出或接触过别的猫咪，也需要我们预防这些病毒。如果你的猫咪不外出，那你应该保护它免受猫白血病病毒感染。不幸的是，在英国目前还没能有预防猫免疫缺陷的疫苗。

在猫咪 1 岁的时候，建议通过打加强针保持免疫力。因此，你应该和兽医沟通，确定将来什么时候适合打加强针。这在很大程度上和猫咪的生活方式有关。如果你的猫咪喜好打猎、捉鱼，喜欢和别的猫咪打斗，就要给它经常打加强针。另一方面，如果你的小猫咪只待在室内，不接触别的猫咪，那你只需要预防那些病毒会附着在衣物上传播的疾病，而不用担心那些猫咪间传播的疾病。如果你的猫咪经常出入猫舍，或者会参加活动的话，那它得病的风险会很高。所以，主人非常有必要年年带它接种疫苗。事实上，活动主办方和猫舍拥有者都需要时刻关注更新的接种记录。

生产厂商有保证疫苗持续的时间可能超过 1 年，但这依旧是在平衡风险。所以，你应尽可能给予猫咪足够多的保护。

除跳蚤

过去，我们治疗猫咪身上的跳蚤，是用含有有机磷酸酯的喷雾。现在我们都认为这类化学品有危险，而且猫咪可能最不愿意接受的就是这些化学品的治疗。正如刚才所解释的，猫咪发出嘶嘶的声音说明它心情不愉快，恐惧，想反抗，所以它为了躲避喷雾，无论如何也要用嘶嘶的声音顽抗到底。对于猫咪来说，被压制，喷一些味道刺激的喷雾，无疑是非常难受。

过去替代喷雾的唯一方式是涂粉或者用

每年，都会有很多猫咪发生苄氯菊酯中毒。可怜的是，中毒本身都属意外，而且完全可以避免。每一起事件的发生，都是因为主人不知道不可以将小狗狗的用品用在猫咪身上；或者他们觉得猫咪就是比狗小一些的动物，用一点点不打紧；或者他们扔掉了包装没看到上面的提醒；或者他们只是单纯错用了。大部分主人在悲剧发生后都十分悔恨，而且为了早日康复，猫咪待在宠物医院做完手术后，再接受强化治疗，这需要好几天。有些猫咪未能康复，或者主人觉得承担不起治疗费用，结果就不如人意了。因此，不要将小狗狗用的治疗跳蚤的药品用在猫咪身上。如果猫咪、小狗狗你都养，而且有许多吸液管混在药柜里，那你必须得在使用前仔细检查。

同样，你也要注意，猫咪有的时候会和小狗狗蜷缩在一起，如果恰好小狗狗正在治疗跳蚤，那很有可能它身上的药物会碰到猫咪，导致猫咪中毒。所以，如果你的小狗狗用的药物中含有苄氯菊酯（超市或者宠物店就买得到），那这一两天你应将猫咪和小狗狗隔离开，这样猫咪就不会受到影响。如果小狗狗涂过药之后用梳子梳过，那千万别再用这把梳子给猫咪梳了。

不要冒险。给猫咪用的药品需要经常检查，看看是不是猫咪的专用产品。

其他的皮肤寄生虫

偶尔猫咪会生蜱。这是一种生活在草丛里的昆虫，会搭路过的小动物的顺风车，顺着毛发钻进皮层，以血为生。它们一开始很小，吸饱了血之后就暴涨至豌豆大小。它们会带来疾病，所以你找到它们之后必须除掉。

虱梳，现在用于治疗跳蚤十分有效的化学品，使用时不会伤害猫咪，而且它自己也不会察觉到。这些新的化学品可以杀死跳蚤，或者通过生理学途径专门干扰跳蚤的生命周期，比之前的用药要安全许多。使用的时候，将毛发分缝，在猫咪颈后部涂上一小点化学药品，从这一处可以传至身体的每一处，药效差不多持续 1 个月，因此保护手段非常好。特别是当你使用时非常轻柔，顺利，如果再给猫咪一些小奖励，它几乎不会意识到发生了些什么。虽然这些化学药品在乡村杂货店或者大型宠物店都能买到，但是最有效的还是兽医给你的药品。

当你不知道用哪一种药品时，一定要询问兽医，因为你必须对给猫咪用药非常小心。像这样把药品涂在猫咪颈后部的治疗方法，我们一并称之为"精准治疗"。它更倾向于是一种治疗手段，而不是指不同的化学药品。但是你需要注意，有些小狗狗的用品也叫"精准治疗"，它含有一种高浓度化学物质——苄氯菊酯，如果用到猫咪身上是会致命的。虽然苄氯菊酯是一种有效杀虫剂而且不伤害小狗狗，但是猫咪无法承受。它可能会引起猫咪惊厥，甚至是死亡。

然而，仅仅除掉它们还不够。首先，你要把猫咪身体上的毛发剃掉，只保留头上的，这样只感染头部的皮肤，接下来你用一种特殊的除蜱剂（从兽医或者宠物店那里购买），或用它的液体形式，通过泵式喷雾器喷小点就可以杀死蜱。

有些好的治疗跳蚤的药物还可以治疗螨虫。但是如果你的猫咪感觉瘙痒，那应该和兽医及时沟通，看看是哪种寄生虫，然后根据他们的建议，对症下药。

除蠕虫

猫咪会得两种蠕虫病——蛔虫和绦虫，蛔虫是很常见的。如果猫咪有了蛔虫，你仔细看，可能会在小托盘里发现一些（灰白色，又长又瘦），但是一般不大会察觉。蛔虫卵会通过粪便或者食物在猫咪间互相传染。小猫咪会从母乳那里感染蛔虫，所以它应该在6周的时候接受治疗。

绦虫又长又扁，由许多段组成。猫咪会在吃肉时吞下绦虫卵，或者吞下被感染的跳蚤，那也就相当于吞下了绦虫卵。你可能会发现猫尾巴下的那几小段很像米粒。经常出门捕食的猫咪需要每2~3个月做一次常规检查和治疗；待在室内的猫咪就可以频率低一些。再提醒一遍，一定要和兽医及时交流猫咪的生活状态和方式。跳蚤可以携带绦虫卵进行传播，所以治疗跳蚤也很重要。

治疗蠕虫的药物有片剂，也有颗粒剂，同样也有精准治疗法，即将液态药物涂在猫咪颈后部，就和治疗跳蚤的方式一样。虽然说现在给猫咪吃的药片口味更好，但还是涂药方法更简单，而且省去了喂药片的辛苦。

给小猫咪做绝育手术

在英国，猫咪主人会给猫咪做绝育手术。超过90%的主人认为，小猫咪绝育后，就能避免生出不想要的小小猫咪。当然，还是有许多小猫咪出生，需要新家。这通常会因为主人没有及时发现自己的小猫咪已经长大，而且公猫就在身边。

给母猫做绝育手术可以减少患乳腺癌和子宫癌的风险，显然还包括防止它一到春秋季就发情。母猫发情时会大声地喵呜，这经常会引来整个小镇的公猫。要是猫咪没有绝育，也没有怀孕的话，这个行为会从1月份持续到10月份，每几周就会出现。虽然猫咪本身就会生育，照顾小猫咪，但是怀孕和哺乳有很多风险。虽然说给小猫咪们找新家，确保它们能被疼爱是最大的问题，但是照顾小猫咪不会一帆风顺，因为它们会感染疾病。

被阉割的公猫更愿意待在家里，因为它不需要去外面找母猫交配。它不会争强好斗，也不会卷入任何打斗中。打斗很有可能受伤，常见的是脓肿。并且，这是一种传播疾病的"好途径"，比如猫免疫缺陷（和人类得的HIV差不多）。一只没有被阉割的公猫也很有可能在室内、花园或是邻居家的花园里尿尿，味道十分刺激难闻。这非常令人讨厌。

根据习惯，小猫咪在6个月大的时候就应该做绝育手术。不过，最近有人建议可以提前到猫咪4个月大的时候。这是因为，有些6个月大的猫咪已经足够成熟了，成熟到可以孕育下一代。主人经常在它6个月的时候才想到要去给它做绝育手术，而等到带去做时猫咪已经快七八个月了，有些猫咪可能

质，但是这仅仅占饮食中的一小部分。由于猫咪是一个成功的捕食者，所以不需要在废弃物中找食物。这也使得它的体内省去了其他动物会有的生物学变化。比如，小狗在变化中纯种基因会越来越少。猫咪的肝脏与小狗狗的不同，缺少同样的生化途径和酶，不能合成自己所需的必需品。因此，它需要直接从食物中吸收，为它工作。这也就是为什么小狗狗的食物不适合给猫咪吃，因为它缺少猫科动物需要的营养（我们会在后文讲述的中毒方面了解到：小狗狗身上的解毒途径，猫咪并没有，所以有些药物一旦用在猫咪身上，就会中毒）。

给猫咪吃素食不仅仅会对它的健康造成很大打击，而且它还不能享受此过程。毕竟对一个通过捕食进化至今的动物来说，要它吃与其天性相悖的食物，简直是对它极大的侮辱。

那个时候已经怀孕了。而且，现在的兽医护理，知识和麻醉技术已经提升许多。对于小猫咪的照顾也非常到位。

尽早绝育的好处在于年幼猫咪手术后恢复得很快。如果你从救助中心把小猫咪带回家，它很有可能已经做了绝育了——事实上是 2~3 个月的时候就做了绝育，而且没有受到任何伤害。同样，很多繁育者卖的猫咪也是做了绝育的。和野猫打交道的人，也会给它做绝育手术。所有的科学证据都证明，为猫咪做绝育手术有许多好处。

喂食，不仅仅是食物

有一点很重要，猫咪是专性食肉动物，这意味着它的一般饮食中必须要有肉来提供高蛋白质和其他对健康重要的营养物质。想想荒野里的猫咪，它几乎不怎么吃植物性物质，它有时在草地里或对草本植物细咬，有时会从它吃的动物内脏里吸收一些植物性物

你是如何给猫咪挑选食物的呢？要考虑的第一件事情就是它的年龄。小猫咪的饮食中要有快速发育成长所需的营养，而成猫则不需要那么多（就像成年人不需要补充过多营养一样）。由于一直喂食，很少运动，所以肥胖一直都困扰着猫咪。除此之外，大多数人都不会看包装袋，以至于我们并不知道猫咪适用的量是多少，这就有可能会给它喂多了。阉割可以减少猫咪的能量消耗，提升食欲，而且猫咪也不会特别有活力，也就更有可能发胖。所以主人们可以稍稍控制它的食量，帮助它减肥。

虽然猫咪自己很擅长控制食量，但是它很容易被好吃的食物迷得团团转。除此之外，如果它不怎么出门，就很容易因无聊而通过吃东西来打发时间。它也有可能在我们喂食的过程中失去了它天生控制饮食的能力。专家现在认为，如果小猫咪从很小就开始被间

接性喂食，食物也被藏起来，需要通过做游戏、探索才能吃到（超市里都有卖类似的小机器，主人自己也可以做），那么它很有可能有控制饮食的能力。如果我们只是每天2次，随意地把好吃好看的食物放在托盘里，而且这些食物只会新鲜一小会儿，那么猫咪很有可能不停地吃，吃到过饱，同时也丧失了控制饮食的能力。如果你之后又改成了间接性的喂它干粮，它也很有可能吃得过多。所以你需要通过限制一天内食物的总量来控制它的饮食，而不是只在猫咪吃东西的时候，这样才会有作用。

猫咪也会"训练"我们。它知道只要喵呜一叫或者蹭蹭主人，就可以得到回应，人们也就不假思索地喂东西给它吃，来逗它开心。我们只是觉得，这种互动是因为它想吃食物，而喂给它是最简单的做法。事实上，这很有可能只是它单纯想和我们互动，而不

是想要吃东西。可是随着主人给它更多，它也就吃到了更多食物。

你也许不会想过在哪里喂猫，或者该如何给生活在一起的猫咪喂食。在荒野里，猫咪是单独吃东西，所以如果你把一群猫聚集在一起，让它们排好队，让每只猫咪领取一小碟食物，会让它感到紧张。它会表现出好似自己没有被打扰，但是一旦在同一地点同一时间为食物发生了争抢，它就会把情绪发泄出来。

当越来越了解猫咪的行为和喜好时，我们就会意识到，喂它就像喂我们自己一样——一天吃几顿，每顿一个餐盘，那我们就不是在为猫咪着想，而是在做拟人化的假设罢了。

想一想猫咪是如何在荒野里吃东西的，那你可能会形容它是吃小食的，因为它的饮食习惯非常规律——找一个可以捕捉猎物的地方，在一天内捕捉几次。尝试之后，差不多一天能吃 10 只老鼠或者小鸟。在这个过程中，除非猫咪有小宝宝，否则都是独自吃。日日夜夜，猫咪进行着打猎—吃—再打猎的循环。它也渐渐养成良好的饮食习惯和规律，

体重也比较正常。因此，理想来说，我们需要将它在大自然中生活的环境复制到家养猫身上。

许多猫咪看上去每天都在变心思，因为它喜欢吃的东西一直在变，而且主人每隔一两周，就来回进出超市为它买新口味或者新品牌的食物。这是因为猫咪喜欢多样食物呢，还是喜欢让我们猜它的口味，这都说不准！许多猫咪可能会有两个家，甚至是三个家。它一天里可以一个个拜访过去，而且每到一处就有好吃好喝地伺候。吃得越好，它回家就越不饿。

但也有些猫咪只吃一种食物。如果这个食物囊括了各种维生素和营养物质，那么问题还不大。然而，要是这个食物类似于金枪鱼、鸡肉或者鸡胸，那它无法给予猫咪需要的能量和营养，这就需要你慢慢尝试，引入新的食物，使它成为你的猫咪最喜欢吃的东西。

我们也经常会误解猫咪和我们的互动，给了它食物。比如，猫咪在我们脚边蹭蹭，或是跳到桌子、椅子上和我们互动，这样一来，我们可能给比它想要的注意力更多的东

干粮还是湿粮

质量不错的减肥猫粮有许多。有些是湿粮——放在罐头里、箔纸托盘或者小袋子里；有些是干粮。干粮的好处在于，猫咪可以一天想吃的时候就能去吃一点。因为比起一两顿正餐，这种自然喂养的方式才最能满足它的需要。而湿粮很容易变质，尤其是天气暖和的时候，所以需要我们及时清理后再供给。

猫咪吃的食物是新鲜、温热的。不像小狗狗能吃稍微变质的，甚至是带有毒素的食物。小狗狗习惯于在废弃物里寻食，吃过期的食物（比方说，养拉布拉多的人，遛狗时就会看到它会吃发霉的食物或者长满蛆的食物，而且吃完也不会胃痛）。但是猫咪特别会甄别食物的新鲜程度，并且对食物也就越来越挑剔。

西——食物。

　　猫咪喜欢或者不喜欢吃的东西，其实一部分是由基因、一部分是由经历决定的。据说，猫咪趋向于吃品种多样的食物，而且喜欢尝试新鲜食物。然而，如果它感觉紧张有压力，那么会倾向于吃它熟悉的食物，这会给它一种安全感，因为其他食物不可控，而熟悉的食物始终能辨认出。因此，如果你去度假，把猫咪留在猫舍，一定要确保饲养员喂给它吃的是它熟悉的食物，这有助于它安定下来。

　　有时喂食的地点也会影响它吃的食量和进食时间。地点可能吵闹，也有可能安静；可能和不好的事情有关联，也有可能食物的种类会与疾病有关联。

　　小托盘的材料不重要，至于形状，猫咪喜欢宽浅形状，这样它就不需要在吃的时候围着转。更重要的是，你需要确保托盘时刻干净，及时将湿粮移出，否则会发出腐臭。猫咪喜欢自己的食物和水分开放，所以避免用双层碗，把食物放一边，水放另一边。因为如果食物和水放得很近的话，食物会吸收水分，变得潮湿。

不要忘记水

　　你需要记住喂水。虽然猫咪原本就是沙

漠动物，对于吸收和流失水分有着很好的控制能力，但它同样也是需要水资源的。不过，即便水资源可用量逐渐减少，它也同样能够存活，因为它可以通过浓缩尿液，尽量少地流失水分。然而，如果不吸收足量水分的话，可能会使猫咪患膀胱炎之类的疾病。同样也要记住，如果你喂的是干粮，它就会比吃湿粮更需要水分（要多出 80%）。并且，年老的猫咪更易患肾脏疾病，而处理这个疾病需要保持足量的水分吸收。

　　在荒野里，我们很难发现水和食物会出现在一起，也就是说食物很少会出现在水的旁边。然而，在家里我们常常把喝水的碟子与放食物的碟子放在一块儿，这样做，可能是为了猫咪吃起来方便（或者只是为了我们方便），但应将水和食物分开放置，如果你养了许多猫咪，那你最好在不同的区域都放水，鼓励猫咪喝水。

　　在荒野里，可能都是流动水，因此水都是很新鲜的。再说一次，猫咪不像小狗狗一样，去喝死水塘里的水，而是尽可能去找流动水喝。这也许是因为猫咪体内不怎么会处理死水塘里的污染物和毒素，因此它就会避免喝这里面的水。照这么说，猫咪确实是有饮水癖好。有些喜欢雨水，有些喜欢池塘里的水，有些喜欢马桶里的水，有些喜欢水

但是许多猫咪还是更喜欢喝水。这是因为当猫咪有了小宝宝的时候，会有一种酶帮助小宝宝吸收母乳，但是当它们越长越大，就不会再产生这种酶。而荒野里的成猫很少有机会喝到牛奶，因此，对于成猫来说吸收牛奶很困难，而且可能会导致肠胃不舒服。然而，现代宠物饲养创下了奇迹，它能提供一种专门给猫咪喝的奶，而且不会让它感到一丁点不适。

特别饮食

兽医会开处方，设计特别饮食给猫咪吃，通过食疗治疗它的肾脏问题、关节炎或者其他紊乱，例如肝脏和吸收问题，或者是术后康复。这是一种帮助猫咪恢复健康的有效方法，但需要兽医先进行诊断。因为为了治疗疾病，这些饮食中或多或少会包含某些对于猫咪而言不是很合适的成分。

如果在疾病调理时提供猫咪特别饮食，最好在猫咪还在吃原本食物时慢慢引入（除非兽医有过要求）。这么做可以让猫咪逐渐熟悉新的菜谱，认识到吃这些东西是安全的。可惜的是，猫咪有的时候不喜欢吃特别饮食，因为不好吃，也许是盐分、口感或者某种香料的差别。有许多生产厂家会为不同的调理制作特别饮食，如果你的猫咪不喜欢吃某种食物，还是有许多种类可供挑选。然而，你还是需要谨遵医嘱，因为不吃某种食物可能也会影响到猫咪的调理。

龙头里滴出的水。很多猫咪似乎很享受喷泉里的水，因为喷泉里的水是源源不断的。很多人觉得，用类似于塑料制成的盘子给猫咪喝水可能会因塑料影响水的口感，猫咪并不喜欢这个味道。因此，建议大家用玻璃、陶瓷，或者是金属制成的盘子。

猫咪通常不喜欢别人碰它的胡须，因为胡须非常敏捷灵活，是帮助猫咪躲避障碍物的工具。而器皿又低又窄，所以如果猫咪的胡须对着盘子的侧面，可以减少喝水的时间。用一个扁平的盘子可以保持水新鲜，再加满就有助于猫咪喝水。

如果你喂猫咪吃干粮，要确保周围有充足的新鲜水。如果你的猫咪肾脏与膀胱出现了问题，那最好避免给它吃干粮，而是选择湿粮，确保它能吸收更多的水分。

虽然我们经常将猫与牛奶联系在一起，

猫咪的正常体重

肥胖不仅仅是人类和狗狗才有的问题，现在它已经潜入猫咪群体中。简单来说，胖猫咪越来越普遍。

大部分人因为觉得有责任有义务，所以给猫咪阉割。这会让它的生活更轻松，有许多利于健康之处（或者是减少了许多疾病的患病风险），它也控制了猫咪出生率，因为许多刚出生的小猫咪很难找到新家。但是阉割后的猫咪没有之前活跃。当你不需要在激素的驱动下，在乡间田野和别的男性打斗，那你很有可能就一直待在没有纷争、充满温暖的家里。你会变得更加懒散，而其他事情就会变得有趣，比如食物。

科学家们统计得出，阉割过的猫咪比没有阉割过的食欲更好，而且食量要超过25%。似乎猫咪阉割之后，新陈代谢的速度也比先前缓慢许多，整体消耗的能量要少30%。所以如果阉割过的猫咪和未阉割过的吃同等量的食物，阉割过的会更胖。并且它还会吃得更多，所以更胖些。

这些都是为了告诉我们，有义务不让猫咪变得很胖，因为猫咪会像人或者狗一样，一旦超重会带来许多疾病（比如关节炎、心脏病、糖尿病等）。而且当你看到原本生龙活虎、充满活力的生物如今胖到都懒得起身活动，太肥连猫洞都钻不过去时，实在是太可悲了。

然而，猫咪和小狗狗增肥的情况不同。猫咪的肚子下面特别能藏肉，脂肪多得像穿了一件围裙。有些品种，比如缅甸猫就特别擅长藏肉，但是普通猫咪也会通过这种方式藏肉，所以你该如何发现猫咪超重呢？

首先，在你的猫咪还没有发胖时，需要有参考的体重表，这点很重要，显然需要你的预判能力。如果能在它长成前（差不多2岁左右），没有被阉割，还是精力充沛，没有变成懒猫时，记录下猫咪的体重，你就会知道需要让它保持多少。你很容易喂猫喂得过多，所以当猫咪变胖时，倒需要你自己先控制住。但是你要先和兽医说，因为猫咪如果减肥速度太快，或者几天不吃东西也是很危险的。猫咪需要的是一个缓慢平稳的减肥方式。

兽医那儿有体重计，与刚出生的婴儿测体重的仪器类似，但托盘要更大些，这样猫咪站着或者坐在上面会比较安稳，读数据也就更加容易。在家里，若是让猫咪在一段时间内站着或者坐在体重秤上比较麻烦，可以先称你自己的体重，然后抱着猫咪和一起称体重，两者之差就是猫咪的重量了。

你应该知道自己的猫咪体重是多少。猫咪通常体重为3千克~6千克。另外，你还需要给猫咪一个体况评分。如果它的肋骨很明显，你几乎感觉不到它身上的脂肪，那它可能太瘦了，需要带它去兽医那里看病——很有可能得了某种疾病。一只猫咪的理想体重是，你能够摸到它的肋骨，但在皮肤和骨头间有一层动物组织，所以手感比较柔软。你从上看，猫咪身体上不会有突出的部分，而且肚子上也没有晃动的赘肉。如果猫咪变胖了，那你越来越难摸到肋骨，而且肚子上逐渐有赘肉。猫咪看上去会很结实，那这个时候你可以给它贴上超重的标签了。当猫咪的肋骨在皮肤下有一层厚厚的肥肉，让你很难摸到，腹部也有厚厚一层肥肉时，就可以用"肥胖"来形容它。

如果你一年使用一两次这两种机器——体重计和评估计，你就会更了解猫咪的体重，也能够避免它囤积过多的脂肪。同时，当你发现它有变瘦的迹象，也可以询问兽医的建议。它很有可能是身体不适或者患了牙病。

给病猫喂食的小贴士

刚才介绍了猫咪吃太多会得肥胖症，而这里还要提醒大家，若碰到了相反的情况：猫咪没了食欲，那就很有可能是生病了，所以同样需要我们重视。发生这种情况时，你就哄它吃，有的时候也很难哄。然而猫咪对于你的温柔和爱护也会积极回应，因为也能理解它，身体不舒服时很难打起精神吃东西，所以这也就是它食欲差的原因。如果你的猫咪刚刚做了手术或者生了场大病，那它很有可能在被你带回家之后不想吃东西。但是，猫咪不舒服不想吃东西，身体会更加虚弱，食欲就会更差，对于猫咪来说，这是恶性循环。如果它不进食，身体就要消耗体组织获取运作的能量，这就会减缓愈合。所以，吃对于康复来说是很重要的。否则，免疫系统就不会正常工作，这样下去猫咪就会感染疾病，而且本来能让猫咪康复的药物药性也会受到影响。

小狗狗一段时间不吃东西也不会有很严重的后果，但猫咪会因此患脂肪肝——一种肝脏方面的疾病，可能会致命。只要猫咪在相对短一些的时间内（2~3 天）不吃东西，就会得病。我们同样也知道，猫咪在营养方面有许多特殊要求，所以缺少营养物质也会非常危险。重点在于，猫咪不像小狗狗是以食物为中心，而是过分讲究的挑食者。所以有的时候鼓励它吃东西很困难。

你会不会因为讨厌某些食物，一碰就会想吐呢？猫咪也是一样。它也许觉得有些食物能让它联系到呕吐的味道，所以不吃。这个叫作厌食，会影响猫咪食欲。当猫咪生病或者是长期吃一种特定食物或者是被迫吃的时候，就会出现厌食。猫咪会联想到自己生病，因此拒绝食用。所以如果你的猫咪看上去食欲下降，不要把食物直接放在盘子里，也不要试着用注射的方式强迫它吃。

当猫咪丧失食欲时，你要想尽各种办法让它重新开始吃东西。有人经常用些婴儿食物喂它，因为口感松软，而且易于舔。也许他们还觉得食物会很有营养而且不刺激很温和，吃上去很安心。但问题在于，许多婴儿食物含有助于提味的洋葱末或者蒜末，而洋葱对于猫咪来说是有毒的，所以食物里有这些成分可能无法帮助你的猫咪恢复健康。

你该做些什么来鼓励你的猫咪吃东西

首先，你应该确保猫咪很舒服，心神安宁（参见第六章）。给它一些空间，让它离小狗狗和别的小猫咪远一些，这样它会集中注意力，睡得更安稳，吃得更专注。就像我

所说的，猫咪对于主人的温柔和爱护会有积极反应，所以你应少一些干坐，多一些对它的关注，把食物递给它，让它舔，帮助它食用。疾病会使得食物在嘴里的感觉变味，但是只要吃一点，就有助于释放其美味，使得食物再一次变得可口。所以，可以喂些重口味的食物比如鱼，美味的食物比如鸡肉或是虾肉。

如果你的猫咪在治疗过程中不得不避免吃许多盐或是其他的调味品，那么你需要和兽医确认哪些特殊食物是不能出现在菜谱上的。兽医甚至可能会开一张单子，告诉你哪些食物有助于康复治疗。给你的猫咪吃一些，经常给它鼓励，如果待在它身边能够安抚它，有助于它休息和饮食，那就这么做。如果猫咪不吃，那就把食物移走，等一会再换一批新鲜的给它吃。

定期健康监控

如果你定期带它注射灭蠕虫、抗跳蚤的疫苗，你就能确保可避免的疾病和寄生虫不会烦扰到猫咪的健康。当然，有许多别的健康问题需要考虑，最重要的是新旧行为的观察。知道你的猫咪正常行为，一旦注意到异处，就很有可能意味着它得病了。跟着你的

直觉走。作为主人一般很了解自己的猫咪，所以如果你对以下情形感到不确定，就应观察得更加仔细，然后找兽医做检查：

■ 猫咪是否会变得很安静，很少与你蹭蹭，或是你照顾它的时候它不会躲避？它的行为是不是超出了你的预计？

■ 猫咪是不是比平时喝得更多了或是更少了？

■ 猫咪的便便是不是更多或是更少了，留便的地方是不是很奇怪或者有没有通便困难？

■ 猫咪的饭量是否正常？它是不是看上去很饥饿，但是对吃又不是很感兴趣？

■ 猫咪的毛发是否光滑，是无光泽的还是有光泽的（毛发都竖立起来，蓬松抑或是油腻的）？

■ 猫咪的眼睛和耳朵是不是很干净？它是否会一直打喷嚏或者咳嗽呢？

■ 它的身体状态还好吗？有佝偻着吗？

当猫咪越来越老，它的身体会变得僵硬，也会得关节炎。问题在于这些变化很缓慢，除非我们每天都以全新的面貌看自己的猫咪，否则不会察觉到。所以，你应该看看下面的问题，它们或许可以帮助你判断猫咪是否行动不便：

■ 猫咪看上去是不是不怎么愿意上蹿下跳了呢？

■ 猫咪还会睡在它喜欢的窗台上吗？或者跳上桌子或是碗柜吗？

■ 猫咪会让你打开门而不是自己钻猫洞吗？

■ 猫咪还会从地上跳到你的腿上吗？还是慢慢从各种凳子、垫子慢慢爬向你？

这些事情都指的一个事实，那就是跳本身会很痛，特别是从上往下跳，这会震到自己的关节。直到现在我们才意识到，老猫咪关节炎的程度很严重，因为它太会隐藏了。有许多饮食、添加剂、药物可以帮助有关节炎的猫咪，所以，不要无视这些信号！单单是这些变化就告诉主人们，猫咪可能会有多么不舒服。

收集尿液

在猫咪的尿液里会有许多关于健康问题的线索。所以，对于兽医来说留下样本很重要。但是收集尿液非常困难。如果你的猫咪喜欢在户外尿尿，那你就会一天都拿着小托盘，等待时机。你可以买一些无吸收性的猫咪托盘（兽医那可能会有这些托盘），甚至是洗干净的水族箱里的砾石（在宠物店里都可以买得到）。一定要确保在使用前托盘是干净的。

一旦你的猫咪开始尿尿，就把尿液慢慢引进样品罐——兽医会给你一个罐头和一个注射器，有助于你收集。如果你已经有这些工具，那在使用前不要忘记洗干净，因为可能之前会留有糖分，影响它的读数，最后使得猫咪是否得了糖尿病成了谜。

血压

也许你不会意识到自己可以给猫咪量血压，其实这和给人测血压很相似。在猫咪的前脚戴好袖口，然后充气，再读数。它可能只需要花几分钟的时间，猫咪不会有疼痛。

就像人会有高血压一样，猫咪的血压升高对健康也有很大威胁，所以给年老的猫咪监控血压高低是很重要的。理想的话，7~8岁的猫咪应该一年测一次血压，确保它的血压在正常范围内。高血压会和心脏、肾脏疾病有关联，或是可能没有明显的症状，但是也有可能导致失明。

如果你的兽医在实践中使用专门给猫咪设计的机器，那他们是想确保猫咪首先感觉到放松、安静（猫咪和我们一样，有的时候高血压是因为在医院或者手术台上感觉紧张引起的，这也叫白大褂综合征），然后他们就能等数据平稳后快速读数——不需要去赶或者逼一只烦躁的猫咪。

如果你的猫咪被发现有高血压的话，兽医会调查它的发病原因、治疗中会有什么问题，以及是否能将治疗人的方法给猫咪治疗。

牙齿

不是每个人都看过猫咪的口腔。兽医给的最好建议就是，从猫咪小时候就给它做牙齿清洁。然而，我怀疑这是许多猫主人不常做的事情之一。如果你决定给猫咪刷牙，那就要准备猫咪用的牙刷和牙膏——还是那个原则，不要把人用的或者给小狗狗用的物品直接用到猫咪身上！兽医可以提供专门给猫咪使用的牙膏和圆毛牙刷。

如果你想要清洁猫咪的牙齿，那首先要让它熟悉牙膏的味道。在你的手指上涂一点点牙膏，或是在它的嘴唇上、牙龈上涂一点。

如果它能接受这个味道，你就可以在牙刷上挤一点点牙膏，先用手托住它的头，轻轻拨开它的嘴唇，露出一排牙齿，然后仔仔细细地用牙刷在它的口腔里做圆周运动。尽量把这一过程时间缩短，让它感觉到享受，等到它逐渐接受，再增加刷牙的时间。如果它想反抗，那基本上输的会是你！也许给有些猫咪刷牙是不可能的，如果是那样的话，你就放弃吧，不要再硬撑下去了。

大部分人根本不会去看猫咪的口腔。就连兽医在例行检查中也会感到困难，所以很难诊断出猫咪有蛀牙。猫咪龈下还有可能出问题，需要给它打麻醉才能发现。正如我们观察到的，猫咪是伪装大师，特别会隐藏病痛。可能它们口腔内部已经出现很大的健康问题，但是要直到它不吃东西了，我们才会发现。猫咪口臭也是发现它身体有问题的线索之一，但是兽医还是需要通过精确检查才能发现问题的严重程度。牙医专家告诉我们，超过 3 岁的猫咪几乎有 3/4 会患牙齿或者牙

猫咪也会像人类一样得高血压。

龈疾病，所以我们一定要询问兽医，多久给猫咪做一次口腔检查较好，要慎重对待此事。

猫咪和中毒

我们都知道，猫咪在吃东西上是一个非常挑剔的生物。它不会像小狗一样狼吞虎咽地吃，而是会先闻一闻，再小心尝试。所以，你会觉得猫咪中毒不会常发生。然而，这的确也会发生。因为猫咪吃的东西可能对它有毒，而不一定是本身有毒。

在之前的几章里我们提到过，猫咪非常爱干净，而且会花很长时间保持自己的皮毛处于良好状态，以及它的脚底也很干净很柔软、很敏感。清理自己、打扮自己几乎成了猫咪必做的事情，而且当它吸收那些从来都不会主动吃的东西时，可能会成为祸根。

比如说，猫咪走路的时候，爪子、皮毛碰到的可能是有毒的物质，如防冻剂、某种消毒剂、木榴油，或者其他沥青物质。装饰的材料如绘画燃料、清漆、木材防腐剂、清洁液（石油溶剂油）里含有的溶剂等都会带来问题。它们会刺激猫咪的皮肤，引起爪垫有炎症和起泡。如果猫咪想要梳理它们，蹭掉它们，那又会给它的口腔带来问题。有些药物的气味也可能会带来呼吸困难。

抗冻剂尤其含有毒素——乙二醇或是甲醇（挡风玻璃自动清洗器进行的洗刷和除冰剂里就有这些物质），所以要把溢出物擦干净。猫咪中毒的症状包括身子虚弱、呼吸困难、惊厥和肾脏损伤。治疗也很困难，除非及时治疗，否则都不会成功。最近，在英国就发生了一起猫咪抗冻剂中毒的事例。这是由于主人将抗毒剂放在水里，用来解除花园

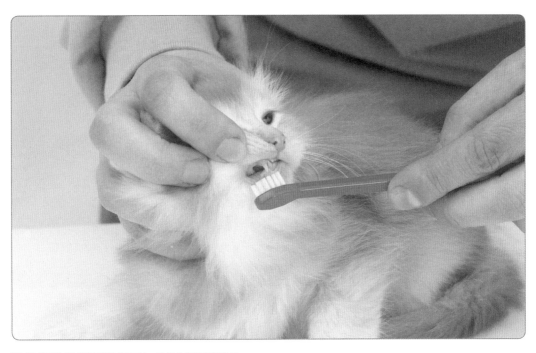

清洁牙齿最好从小猫咪的时候开始，这样会有很好的效果。

里的冰冻，而猫咪却喝了池塘、喷泉里的水并且吸收了其中的毒素。另外一个有毒物质是百合花花粉。将百合花插在花瓶里，花粉会脱落下来，然后猫咪就蹭得满身的花粉。事实上，百合花所有的部分对猫咪来说都是有毒的，而且如果不接触其他绿色植物的话，待在室内的猫咪碰碰绿叶就会中毒。我们需要找的迹象是它呕吐，而不是食量大小或者是心情的好坏。中毒的猫咪必须立即送去兽医那里医治，因为毒素可能会伤害肾脏。

还有一种猫咪无法承受的危险物质是对乙酰氨基酚。再重申一次，猫咪不是一个会主动服用药片的动物。所以好心的主人如果想要用这减缓它的痛苦（基于给你的小狗狗服用对乙酰氨基酚时，它没有出现任何问题），可能就一不小心毒了自己的猫咪。对乙酰氨基酚对于猫咪来说是非常危险的，只要一片就可以导致严重的疾病甚至是死亡。对乙酰氨基酚中毒的症状有沮丧，脸和爪子肿胀，呕吐。有解毒剂的话，也必须立即使用。

猫咪和人、狗都有完全不同的生理机能和新陈代谢，所以不要盲目地将你可以用或者小狗狗用的东西用在猫咪身上。

当你在用"精准治疗法"治疗猫咪跳蚤时，这一点尤其正确。我们前面已经提到过，用在狗狗身上的药物含有浓缩苄氯菊酯，是一种杀虫剂，但在很多药品中剂量都很小，所以对大部分哺乳动物的毒性较小，除了猫咪。如果猫咪用了给小狗狗用的药品，就会出现严重的问题。如果你在小狗狗身上采用"精准治法"，涂过对乙酰氨基酚的话，就把猫咪和小狗狗隔离72小时。我们可以得到的教训就是：不要把小狗狗的药物用在猫咪身上，一定要仔细阅读包装上的指示。

猫咪可能一不小心踩在木榴油上面，这对它来说是有毒的。

最后，在毒素名单排行第一的是除蛞蝓的农药。它含有一种化学物质叫作聚乙烯。我们自然不可能将这种东西给猫咪用，但是很有可能是猫咪在户外花园里走来走去的时候踩到或碰到。需要注意的症状是，猫咪的脚会失去平衡，流口水，抽搐，或是惊厥。再提醒一次，一定要及时治疗。

该做些什么

如果你发现自己的猫咪中毒了，你需要

百合花的任何一部分，猫咪一旦吸收都会中毒。

做的事是赶快将它带走，远离中毒源，并将中毒的猫咪和别的动物隔离开，你当然不希望动物间互相蹭蹭，把毒素也一并传播开。如果毒物质是在猫咪的毛发、皮肤或者是爪子上，那就不要让它再去蹭它们。你可以试着用柔和的洗发露和水把有毒物质洗掉。如果能够确定中毒源，就将有毒物质留一小部分，或者留一部分植物，或者是产品包装上的信息，及时让兽医知道。如果能直接和兽医通话，那么兽医通过猫咪中毒信息做出判断，告诉你应该采取什么解救措施，也可以准备好解毒剂。

让年老的猫咪过得更快乐

猫咪随着年龄增大，生各种疾病的风险也会上升。比如说，年老的猫咪，肾脏疾病比较常见，甲亢就不是很常见，而且可能会生关节炎。另外，年老的猫咪可能会出现牙齿或者牙龈疾病，也应该去测测，看有没有高血压，这种病会使它失明。尽早和兽医沟通，该如何给年老的猫咪做检查，这样就可以早点发现问题，早点治疗。

正如前面提到的，由于现在猫咪吃太多高能量的食物，而且总是待在室内，所以常常出现肥胖问题。中青年猫咪有可能会超重，但是年老的猫咪（可能超过 14 岁）反倒会体重减轻。这种现象可能也是疾病的信号，所以定期给你的猫咪称体重有助于监测它是否健康。

想想年老的猫咪想要的舒适感，许多小事就可以起到作用。

■ 猫洞是不是有些坚硬，导致很难打开了呢？或者猫咪是不是要跨很大一步才能外出呢？它也许不再喜欢进进出出。

■ 它会不会需要你的帮忙才能坐上喜欢的凳子或者窗台呢？给它小垫子或者斜坡可以帮助到它，这样高度就不再是问题了。

■ 它是否需要额外的小托盘，这样吃食物可以更方便？

■ 它还会不会打理自己的毛发，保持干净，不让它蓬松或者它需不需要一点帮助呢？当猫咪越来越老，不再灵活，也不会好好打理自己，尤其是毛发长了的时候，主人需要花时间帮它打理，让它感觉到舒适。

年老的猫咪是很宝贵的——它明白了我们的生活，也知道它是如何融入的；它也经常和家里不同的人打交道，经历了许多变迁，如搬家、新出生的婴儿、学步的小孩或是和它一样的青少年。问题在于，它可能会像旧拖鞋一样，安静，而且很难被看得见，所以我们就不再关心它。但是，好比我们最珍贵的东西，它也是不可替代的。因此一定要好好照顾它。

说再见

对于年老的或者生病的猫咪，我们最见不得的就是和它分别。至于什么时候放手呢，我们需要和兽医保持联络。把它的正常行为与目前的行为状态做一个对比，分析出它现在的生活状态是高还是低。你可能希望它能陪你更久一些，但是当你觉得时候到了，兽医就会给你的猫咪客观地做出预断，然后给它无痛苦的、柔和的、庄严的告别过程。

和兽医处理完猫咪的尸体之后，它可能和别的动物一起火葬。或者，你可能想为它安排一个单独的火葬，把骨灰拿回家（兽医会告诉你流程细节）。单独火葬会更昂贵，但是你若想要留下骨灰，也可以留作纪念。如果你的花园里有空余的地方，也可以把尸体带回家，埋在花园里面。比较好的做法是，找一个特殊的植物，也许植物名字或者颜色和你的猫咪有关联，随后种在花园里，让你看见它的时候会想起自己的猫咪。

如果你没有花园，那么可以把猫咪葬在宠物墓地里，你可以做些记号或者放一块墓石记下位置。

如果这只猫咪跟了你很久很久，看着你长大，或者看着你的孩子长大，看到狗狗走走留留，已然成为自己大家庭的成员，那么它的离开会让你久久不能忘怀。它小小的身体里已经承载了一个人所具有的性格特征。它离开了，家也变了。有的时候你会无法摆脱这个痛苦，有的时候会觉得很愧疚，没有为它做更多。这些情况都非常常见，所以，和身边能理解你的人聊聊天，会很有帮助。痛失宠物援助服务处、蓝十字和宠物社区服务可以帮助你渡过难关。它们会提供邮件或者电话帮助任何正在经历丧宠的人。

一只年老的猫咪需要再次评估，确保我们没有忽视它的需求。

猫咪会悲伤吗

这是一个很难回答的问题。我们真的不知道猫咪是否会悲伤，但是有些猫咪会因为另一只猫咪的离世而受到影响。很难说它是否知道外界正在发生些什么。然而，另一只猫咪的离世与它的生活紧密联系在一起，这意味着它生活中的一切也会发生改变，这可能会让它失去方向感。

如果剩下的那只猫咪在紧张的环境中是依赖于另一只猫咪指引或者提供自信心，那么它独自留下的日子会过得心神不宁。加之，日程表也会发生改变，气味也会变，毫无疑问，主人的心情、行为也会和先前不同（即便主人试着平复心情）。给猫咪一些注意力并试着回到之前的生活作息，虽然会和之前总有些不同之处，但是能够通过尽可能减少变化，让剩余的猫咪少些焦虑和不安。

主人会发现猫咪经常有悲伤的信号或者几周就会有一次，但是很快会恢复正常。这段时间内不要考虑再养一只猫，这只会更加干扰它。应该让这只猫咪先稳定下来，再想些别的方法。

没有参考可以告诉你存活的猫咪对于新的猫咪反应会是怎样。有些猫咪对于小猫咪的到来很容易接受，而对于成猫就不那么容易——对它而言，除了原来的伙伴，别的都一律厌恶。也许留下的猫咪会很开心，因为它是唯一的，当你在那里，它就可以和你互动；当你外出，它就睡觉。它可能不喜欢你给它挑新伙伴。毕竟，想象一下，有个完全陌生的猫咪要搬到你的住所里来，更何况还期待你喜欢它，甚至爱它！

如果你决定再养一只猫咪，要清楚，是因为你想再要一只，而不是为了你的猫咪。不要期待你的猫咪会张开双臂迎接它的新伙伴——一只健康的小猫咪或者成年猫咪，让原来的猫咪熟悉它。不要头脑发热，觉得新猫咪可以解决你所有的问题，也不要期待它住进家的第一天就会特别快乐！

最重要的服务之一，就是确保它不再痛苦。

第七章

猫咪与繁殖

猫咪何时发情

在猫咪与人类打交道的整个历史中，其繁殖力已为人所知，有人很佩服，有人则嫌它们太无节制。

6个月大、自由自在生长的家猫，在北半球10~12月份，处于一种叫作休情期的状态，这意味着它们在此期间内不繁殖。和所有必须依靠自己生存下来的动物一样，猫咪也在有食物的季节才开始生小猫咪——春天和夏天。所以在食物稀少的冬季，它们就关闭自己的繁殖系统。

这个过程受日照时间的控制。当10月份白天开始变短后，它们的繁殖系统便关闭起来，当1月份白天变长时，开关又重新打开。进入眼睛中的日光会刺激大脑中下丘脑的区域，这个区域监管着猫咪的日常行为，如吃、睡和性行为。日照时间的增长会影响大脑中的脑垂体，这个腺体分泌的尿促卵泡素反过来又刺激猫咪的卵巢产卵，产生雌激素，从而影响猫咪的行为，使它为繁殖做好准备。

然而，对于猫咪来说，这个发情期并非一个很长的时期，而是分解成很多较短阶段（每个阶段大约14天），当白天变长后，这些阶段便开始增加，当白天变短时，这些阶段便开始减少（除非猫咪怀孕）。在这为期14天的阶段内，猫咪会表现出一些被称为"调情"的行为：蹭地板，在地板上滚来滚去，做标记，发出忽高忽低的被称为"叫春"的急迫的哀嚎声。以前没养过母猫的主人有时会以为他们的猫咪因为疼痛才这样叫，以为这些行为是生病的迹象，但其实对于寻找配偶的母猫来说，这些行为再正常不过。

当然，未被阉割的公猫也总是在寻找能被它的魅力吸引的母猫。早在主人意识到之前，它就会察觉到母猫发出的气味、声音和身体语言信号，等我们明白是怎么回事的时候，猫咪们已经交配完毕，如果它们彼此能接触到的话。

好几只公猫会聚集在母猫周围，虽然有自己地盘的公猫会更有信心打赢可能爆发的战争，并赢得与母猫交配的机会，但母猫可能有自己的中意对象。在自己做好准备之前，它不会接受任何来自公猫的进攻。接下来母猫就会做出那个被称为脊柱前弯的姿势，把臀部翘起来，头贴在地上，尾巴向一边摇动。

母猫在发情期会有"调情"的行为。

母猫可能会和多只公猫交配，生下的小猫可能会有不同的父亲。

公猫找机会抓住母猫脖子后面松软的皮肤，它们进行简短的交配。交配结束后，母猫看上去会是在攻击公猫。我们不明白它为什么这么做，但可能与公猫阴茎上的倒钩有关——是否因为公猫抽出阴茎时把母猫弄痛，我们还不知道，但这个行为可能有非常重要的影响。

有些动物在交配时卵子已经到位，但母猫不是，直到交配完成，母猫才会把卵子产进输卵管，然后再进入子宫角。所以为了能受精，卵子必须先排放出来，刺激物便是交配行为。的确，有时需要交配几次才能刺激母猫产卵，第一天可能要交配 10~20 次，在 4~6 天内可能会与几只公猫交配。这一较长的接受期给母猫带来排卵的机会，也让它有机会选择最佳公猫——健康、身体处于最强壮的时期。

卵子需要花 2 天时间才能向下进入输卵管，然后进入子宫，而精子可以存活好几天，所以母猫产下的小猫就有可能有几个不同的父亲。植入子宫的卵子和由此产生的胚胎在子宫的双角上呈两排排列。

如果排卵之后没有发生交配，这个过程就会在 2 周之后再度重复，之后每 2 周重复一次，直到 10 月份到来，白天开始变短。

母猫的孕期有多长

母猫怀孕后，随着胚胎的生长，在接下来的 63 天内它的身体会慢慢发生变化。然而，在孕期第一周，它的外形几乎没有任何改变，主人可能会注意到的母猫怀孕的第一个迹象便是它的乳头变成了粉色，而且越来越明显。接着母猫会越来越重，随着临产日期越来越近，它的乳腺里会充满乳汁。

母猫的激素也给它的行为带来变化，它

开始寻找一个适合做窝的好地方，来藏它的小猫咪。如果没有人类家庭的保护，小猫咪的安全几乎完全是个未知数。如果猫咪在野外做窝，必须找一个干爽、隐蔽的地方，这对小猫咪能否存活下来至关重要。母猫甚至可能会选好几个窝，这样如果第一个窝有危险，它还可以有其他安全的地方。

在分娩之前，母猫会把阴部和乳头都舔干净。据说，它会留下一道唾液痕迹，这样小猫咪生下来后就能按痕迹找到乳头。每只小猫咪出生时都被包裹在羊水膜里，母猫会舔羊水膜并咬破，让小猫咪出来。它会咬断脐带，把小猫咪的胎盘吃掉，然后用粗糙的舌头把小猫咪全身上下舔干净，刺激它们，

让它们呼吸。然后会鼓励小猫咪吃奶，躺在地上，把它们护在胸前，给它们保暖。小猫咪在气味和温度的指引下会找到母猫的奶头，喝到初乳。初乳富含抗生素，有助于在小猫咪刚出生的头几个星期保护它们，以免生病。

小猫咪吃奶时，母猫会发出咕噜咕噜的声音。但小猫咪刚出生时是听不到声音的，所以它们会顺着母猫发出的震颤声找到母猫。小猫咪天生就会静止不动，用鼻子去蹭东西，这有助于它们找到母猫的乳头，抓住乳房，刺激乳汁的分泌。接下来就是吸奶的

如何判断猫咪性别

如果你从繁育者那里买猫咪，他们会告诉你小猫咪的性别。小猫咪长大后，它们的性别很容易判断。母猫的肛门和阴门连在一起，看上去像字母"i"。公猫的肛门下面有小小的睾丸，睾丸下面是阴茎。

条件反射，它们就能吃到奶了。小猫咪一般都在各自固定的奶头吃奶，这可以防止它们打架，也为了保证母猫一直能产奶——因为有需求。

刚生下来的小猫咪体重约为 100 克，不过一周之内就会翻倍，3 周内就会增长到原来的 3 倍。猫乳的蛋白质和脂肪含量都很高，为小猫咪的迅速生长提供了必要营养。最开始它们一天要吃好几次奶，它们会用爪子揉捏母猫的腹部，让奶水一直流出来（当它们躺在我们的膝盖上，或者稍微长大一点后躺在毛茸茸的毯子上时，也会做出同样的行为）。

在最初的 2~3 周内，它们几乎完全依赖母猫，进食、清洁、排便及保暖都要由母猫来完成。到了 4 周后，它们开始跟着母猫学用猫砂盆；6 周时它们就会给自己梳毛或彼此互相梳理，兄弟姐妹间就会建立起联系。到 6 周时母猫也会给它们断奶，喂它们固体

刚出生的小猫咪十分无助，但 6 周内它们就会断奶，并跟母猫学习捕猎本领。

食物，如果在野外，母猫还会教它们有关猎物和捕猎的知识，这样它们就能尽快自己养活自己。的确，如果在野外，母猫可能很快再次怀孕，不得不照顾新出生的小猫咪，这一批长大了一点的猫咪必须自己保护自己。幸运的是，猫咪非常聪明，它们的观察学习能力很强，通过玩耍很快就能拥有强大的捕猎本领，这些对于它们尽快独立生活来说至关重要。

第八章

猫咪的服务和产品

挑选一个兽医，把看病变得不那么紧张

我知道的猫咪主人中没有一个会喜欢带猫咪去看兽医。首先，你要把猫咪放在猫咪便携箱，但它要么躲在花园里，要么就一天都不见踪影，或者在你强制把猫咪放入便携箱的过程中，很有可能还会被它抓伤。这样一来你不得不把猫咪带出宠物医院，期望它不要弄伤兽医，而同时你又需要安抚猫咪，告诉它不会受到任何伤害。猫咪非常不喜欢离开领地，因为会有种任何事情都不受自我控制的感觉，而且受到约束和管制，会让它们非常害怕。虽然，有许多措施可以将看病变得不那么紧张，但是这也可以理解。所以，猫咪和主人都尽可能少去看病。

如果你找到了一个适合的兽医，你就能大幅度减少这种压力。几年前，我在猫科咨询局工作时，就引入了一个概念——在治疗过程中对猫咪友善，它是基于兽医的专业知识和经验。那些兽医是由大学里专门研究猫咪药物的慈善团体资助的，他们在兽医的介绍下在实践中看到治疗猫咪的过程。因此，他们可以看到许多复杂困难的案例，往往案例中需要许多检查，这也就意味着猫咪要被非常细致地检查和处理。这些事情都是一大挑战，但是兽医们会根据特殊的模式处理他们的病患：不仅仅可以用不威胁的方式医治猫咪，也可以让猫咪在宠物医院的环境中放松心情。通过为猫咪着想和一定的行为举止，他们和其他兽医都将信息反馈给猫科动物咨询局的研究中，使得兽医医治的过程统一变得不那么紧张。许多宠物医院也纷纷表示，现在他们治疗的猫咪越来越不具有攻击性，

考虑到猫科动物的福利，带猫咪去看兽医时会不那么紧张。

而且大家遵循的原则都开始变成先"考虑猫咪"。

你也许会觉得，兽医应该已经这么做了，但是大部分的兽医从原先医治又大又混杂的动物，到现在只医治小动物，而且工作环境和风气也出于他们将小狗狗视作最重要的动物。所以猫咪不被重视，医治时也不会考虑它的需求，因为没有人在乎它。然而现在很多兽医都将治疗手段和地区，改变成更贴合猫咪的形式，甚至还有专门提供给猫咪治疗的区域。

现在，我们论理次序得从猫咪篮子和猫咪旅程开始梳理。

我们即将去一个专门治疗猫咪的宠物医院，在那里能看到你希望在治疗猫咪时看到的机器。在你环顾一周的同时也要记住，你的评分不是基于设备的专精，而是兽医对待猫咪的态度。

对的，猫咪篮子。在你拿出篮子之前就要思考你的猫咪便携篮是什么款式，用的时候会有多困难。将猫咪放进和拿出篮子的最简单的办法就是从顶部打开，只要将猫咪提进去，然后到了兽医那里再提出来就可以了。将这个和传统柳条编织的有栅栏的篮子相比，打开篮子需要从一端旋转开。这样子就很难将猫咪"塞"进去，因为在狭小的通道里有许多地方可以让猫咪抓住不放，甚至是在它待在篮子之后，当你再想把它抱出来，或者拖出来放在检查桌子上，它会继续抓住不从。所以拽出一只猫咪的过程经常会伴有打斗，而且到那时每一个人都已经精疲力竭，猫咪这时候也会知道可怕的事情即将发生。因此，从顶部打开篮子，看上去是最好的解决方法。有些篮子既可以顶部打开也可

以开侧门，但是一定要避免只能开侧门的篮子。

当猫咪不用这个篮子的时候，你通常怎么处理它呢？也许会像大多数人那样，将它放在楼梯下的碗柜上或者阁楼里，或者小屋子里。只有当要出门了，才把它拿出来。因此，它的味道也十分奇异，只会让猫咪联想到它上一次出行看病，或者去猫舍的经历。这也难怪你一从阁楼上的折叠梯走下来，手里提着篮子，它就消失得无影无踪。

为什么不把篮子变成猫咪家具的一部分呢？把它放在屋子里任何地方，这样猫咪就很有可能在上面打盹、翻滚，尤其是把它放在散热器附近，或者是在窗台上（即便大出来一点也没关系）。窗台是猫咪感觉到最舒适安定的地方，它可以透过窗户看外面的世

顶部可打开的篮子，使得猫咪进出少些挣扎和麻烦。

界。在里面放一些温暖柔软的东西，或者在上面盖一层毛毯，让它成为屋子里的家具，那它的气味就会被猫咪熟悉而感觉到安定。这样一来，导致紧张的第一个原因就被解决了——猫咪会觉得篮子是自己熟悉的领地，就不会在一开始很难进去。确实，这说明篮子放在家里，即便看上去不美观，也能做出很大的改观，而且目前为止还没有猫咪会抗拒不进入这么温暖柔和地方一探究竟。

当你把猫咪放进篮子里，带它去看病，或者去别的地方，一定要确保它对垫子也是熟悉的。不要换掉它，放入一个新的垫子只是因为你不想让别人、兽医看到毛毯上的毛发！在拿篮子的时候试着不要碰到自己的大腿。说实在的，由于你拿它的角度，要想碰不到它很难。如果你能有一只又大又肥的猫咪，那你就像手臂上扛着一个很费力的东西，做到不颠簸也是很困难的。但是这么做，猫咪的旅途就会很平稳，也会少些不愉快。

准备好车和猫咪熟悉的篮子，你可以用人造信息素（兽医有）向它喷去，这可以帮助它放松。这种喷雾可以放在家里，记录下家具的味道，如此喷在猫咪周围它就会有安全感。确保篮子固定好，不会滑落，或从椅子上掉下来。你可以用牵猫绳，也可把篮子放在脚边或者后备厢，然后用毯子盖好（天气不是很闷热时才可以，否则会阻碍空气流通），这可以让猫咪感觉到更安全。

开车的时候谨慎些，避免猫咪在里面晃荡。如果猫咪不习惯很响的噪声的话，就不要打开立体声音响。和猫咪交流的时候要淡定一些，给它安心的感觉。

现在再来介绍对猫咪友善的治疗方式。许多宠物医院有专门供猫咪单独等候的区域，旁边不会有小狗狗吠叫、喘息、爪子抓弄的声音，甚至最糟糕的，将鼻子伸进篮子里探视猫咪；也经常会有架子、凳子可以让你放猫咪篮子。这样猫咪就不是被直接放在地板上，它会从较高的角度看整个世界，也就更感觉安定。那里也许还会有一沓毛巾可以用来罩住猫咪篮子，让里面的猫咪休息。

某些宠物医院也许没有空间做这么多休息室，但是可能会提供一个类似于专门给猫咪设立的诊所，或者直接把猫咪带进房间里，而不会让它在外面都是狗狗的等候区域等待。他们还会贴出标识，让狗狗主人不要让小狗狗伸进猫咪篮子里。

如果你在带猫咪看病时体验到宠物医院做的这些举措，那他们真的做到了"为猫咪着想"，并且对猫科动物有很好的态度。你也许会在房间的最前面看到公告牌上写着"保护猫咪"，但是重要的还是人们的行动是否符合这个指示，因为"怎么做"才是关键。有的宠物医院还会用猫科动物的信息素，帮助猫咪放松（虽然你不会注意到这些）。另外，检查房间，应该闻不到消毒剂、松木或者其他对猫咪敏感的鼻子有刺激性的味道，也许闻上去有些奇怪，但一定不会令猫咪很难抗拒。检查桌子是否已擦干净，确保前面的小狗狗或者猫咪的味道已经去除。

兽医会先检查猫咪，但是也许第一件事情是开门或者打开篮子，或者和你交谈。了解些细节或者背景就会知道，他们是想看猫咪会不会自己出来。实际上，即使猫咪在篮子里，他们也可以做检查（如果篮子的条件允许的话）。有的时候猫咪在接受小检查时，喜欢把头埋在什么东西的下面，但有的时候，它可能会被轻轻抱出来。如果你把它连带底座一起拿出来，放在桌子上，它可能会感觉到很安全。

很会照顾猫咪的人会用"少即是多"的方法对待它。动物的本能就是躲避困难，如果它被牢牢约束住，然后意识到这条逃生路线行不通时，它会惊慌失措。即便它不用逃跑，也觉得有要逃离约束的需求——以防万一。所以检查猫咪的艺术就在于非常自信地做最少的，却能得到你想要的效果，而且不会有任何的束缚，也不会到最后留下什么伤害。兽医只有很少的机会，但是需要充分利用它。许多兽医可以在猫咪脸不朝着他们的时候完成许许多多的检查项目，以致猫咪不会正面看到陌生人，也就不会紧张了。有的兽医会利用窗台，在猫咪趴窗边看外面的

世界的同时做检查。还有的兽医会让猫咪自由在房间里面游荡，然后在它放松的时候做检查，而不是立即把它约束在桌子上做检查。

桌子上还会有橡胶垫，这样猫咪就不会在光滑的表面感觉到任何不安定了，或者兽医可以在桌子上放毛毯或者毛巾，让它站在上面。

我一直认为，医治猫咪时需要你了解整只猫咪的状况。猫咪的健康可能会受到压力的影响，有些兽医的检查也会因为猫咪体内的紧张、压力导致结果出现偏差。所以，理解猫咪是如何对世界做出反应的是非常重要的。一旦人们开始这么思考，那么很多事情就能一一被理解，我们不再是出于对猫咪的一切都是无知的状态了。如果宠物医院对于猫咪有很好的态度，那它会因为每个人都有了照顾猫咪的意识，奉献小小一份力而让猫咪看病的过程变得更舒适愉悦。

还有很多别的事情使得治疗过程对于猫咪友善，不过都是些幕后的付出。比如只能

你觉得兽医"为猫咪着想"吗？

一个柔和的少即是多的方法，可以在医治猫咪的时候有好报。

猫咪住的病房（没有吠叫的狗狗），所以环境会非常安静，而且笼子、家具的摆设都会让猫咪感觉得安定和舒适（猫咪可以躲在笼子里，里面有温暖舒适的垫子可以倚靠）。这样一来，它心情好，就会开始吃东西。吃对于猫咪来说是重要的信号，说明猫咪感觉很好，良好的生活态度对康复很有帮助。简单的事情比如确保猫咪有地方可以躲藏，保持病房安静，以及呈上的食物，也不会推迟它的饭点，对于猫咪的康复有着很大的好处。

给猫咪选择一个住所

许多人不会去度假，因为他们不希望把猫咪留在住所里。如果我们讨论的住所质量很差，那这么做当然是明智的，因为不能伤害到猫咪的健康和安宁。然而，有很多很不错的猫舍，猫咪住在里面会很安全也很快乐，还会非常享受这个过程。对于大部分人来说，度假也是必需品。所以，要清楚好的住所能提供哪些服务，然后找一个当地的住所，保证度假回来之后可以看到一只快快乐乐的猫咪，这样度假时也就不会担忧。

我们很多人从来没有想过猫咪的住所会是什么样子的，或者它能提供哪些服务以防止猫咪逃跑，以及如何喂养它们。然而，慈善团体、猫科动物咨询局多年来已经设立并且提高了猫咪住所的标准，为我们解答了这些困惑。在看完下面的内容后，你就不会再像以前那样看待住所了，你也不会还没有好好观察过，不问些相关问题就把猫咪寄放在一个住所里了。

你期待住所里能有些什么呢

你想要确保猫咪不会逃跑。这听上去很基础，但是你期待的其实是当你度假回来，猫咪依旧在住所好好待着。所以，它需要一个防逃跑的屋顶。这需要确保每一只猫咪住的地方本身设计得就很安全，而且被很好地维修并保存下来，这样就没有洞或是缝隙让它可以钻出去。然而，也许猫咪逃跑最容易的办法就是你打开门的那一刻，它就会从你面前溜走。猫咪非常擅长突然消失！所以你需要的是一个安全走廊，就像宇宙飞船里的气闸。当里面的门打开时，外面的门仍然紧闭，反之亦然。好的住所会在每只猫咪住的单元外还有一个区域，这样猫咪即便从自己的空间里溜走，也不会真正离开住所。经过训练的工作人员理解关门的原理和设施本身一样重要。因为猫咪逃跑唯一的方式就是人犯错，而这种错误是任何经营良好的猫舍都应该很少发生的事情。

接下来，你要确保猫咪会感觉很暖和也很舒服。外面有不同的猫舍种类，有的是全室内的，有的会有像瑞士小屋一样的单元，配有室外的活动区域，也有介于两者之间的。你可以本能地希望猫咪待在室内，但是，可能在有新鲜空气的户外活动对于它的健康更有益处。小单元的内部应该会有很松软的床和加热器，以防止它感冒。当然，加热器也是很安全的，要么是暖气片式的，要么是红外灯泡，可以加热周围空气。猫洞可以让猫咪进出瑞士小屋或者单元房，这样它想去哪里就可以去哪里。到了晚上，猫洞就必须关上。

接下来，还有些事情可能你自己都没想到，因为它们不会在你每天想到猫咪的时候

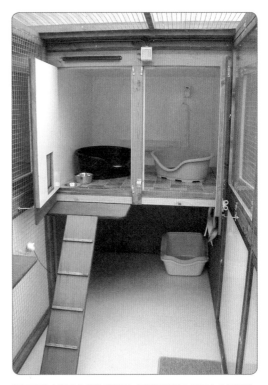

顶层公寓中猫咪住所的样板房，可以让猫咪在里面安全地活动。

出现。你只是想让它有一个松软的地方可以待，而不是因为害怕想逃跑，但是还有比这更重要的。有许多不好的病毒会影响猫咪，而且它们喜欢一有机会就在猫咪和猫咪之间传来传去。它们通过猫咪互相蹭蹭传播，打喷嚏时传播，通过咬及各个方面的接触传播；也会从共同用过的食物碗，甚至是人接触过携有病毒的猫咪后，留在衣服上的病毒传播。如果你养了好多猫咪，都住在一起，那它们可能会互相传染细菌和病毒。如果猫咪被放进了一个住所里，后者必须确保它没有从另外一只猫咪那里感染些什么。这就是猫舍的设计和管理方式起到的作用。不过，住所内的猫咪不可以互相接触，而且要防止另外一只猫朝它们打喷嚏，或者通过食物碗或者小托盘、猫舍护理人员的手和衣服传播疾病。

所以，猫舍的设计非常重要——单独的猫咪单元房可以一栋挨着一栋，但是要么有不渗透的屏障，比如有机玻璃，要么有很大的间隔（有时候也叫透明的隔板，因为这是它的作用），这样能把两者分开，猫咪也不可能通过网丝互相接触。

有些猫舍提供公共区域，你的猫咪可以和别的猫咪共同待在一个很大的空间里（不是同一个住所）。许多主人天真地认为，这样做很友爱——猫咪可以有小伙伴了，可以跑来跑去和它们玩耍了。然而，如果你读过本书的第一章，你就会知道，猫咪不喜欢和不认识的猫咪共用一个区域，它会因此而感觉到很紧张。另外，像这样的公共区域会让猫咪共用小托盘、互相舔、一起用食物碗，这些都是传播疾病的潜在途径。

如果猫舍认为猫咪在公共区域可以得到锻炼，然后再回到自己单独的屋子里，就可以避免如此灾祸了。其实不然，猫咪应该在单独的猫舍里，里面必须非常干净，而且不应该和别的屋子里的猫咪接触。如果猫舍建造得很好，能够有 1.8 米×1.6 米的空间可以活动，里面有架子可以晒太阳，还配有一些给猫咪磨指甲的地方，那它就已经很开心了。

猫舍的设计对于防止猫咪逃跑，防止疾病传播很重要，而猫舍的管理也同等重要。你也许会看到猫舍给游客的提示牌，不要去碰猫咪，因为戳猫咪可能也会传染疾病。猫舍的经营者自己在照顾猫咪时也会洗手，很多人还会像医院里的医护人员一样用洗手液，防止传染病和耐甲氧西林金黄色葡萄球菌传播。

对于大多数人来说，我们的猫咪是家里的重要一员，希望它在猫舍里能受到一样

有足够高度的瑞士小屋样板房，可以让猫咪安全地活动。

的照顾和关心。这就要看你把工作交给的人在照顾猫咪时是不是有着专注和热忱。如果你去参观最好的猫舍，你会发现里面的人都特别喜欢猫咪，而且每一只猫对于他们来说都是很重要的。而且护理背后，也有对于细节和知识的专注，这也来自于他们对猫咪的热爱。

我和好几年都没有度过假的主人交谈过，因为他们觉得猫咪离开了自己就会活不下去——它会痛苦，会不吃东西。如果你和猫舍经营者交流，你就会发现许多猫咪在那里过得很好，而且非常开心。如果它们没有这么觉得，好的猫舍及经营者会确保他们能养育好猫咪并且帮助它们安顿下来。确实，大部分猫咪很快就能适应，而且只要它们在新的环境能够有安全感、有东西吃、暖和、

有厕所，那它们就会尽可能地享受松软的环境，跑去睡觉，井然有序地遵从日常规定。就像我曾说过的那样，规律性会让它们感到安定——知道什么时候会有人喂食，看到人来来往往也不会感觉到有威胁。

几乎每一个家长把尖叫的小孩送进托儿所时，都会很痛苦，而且这种离开会使他们很担忧。当然，护理人员知道，家长一旦离开这扇门，孩子就一定会过得很好，快乐地接受这里的安排。猫咪也是一样。当然，猫咪无论怎么说都不会比孩子更黏父母，所以想到猫咪不会处理也许成为不把它留在家里的原因，但是对于猫咪来说这也不是必然。

好的猫舍经营者会找出你的猫咪最喜欢的食物，它是否喜欢蹭蹭，它的小癖好是什么，这些都对猫咪适应环境有很重要的作用。他们会喂它在家里吃的东西，而且会让主人把熟悉的床垫或玩具一并带来陪它，让它感觉到安定。大部分猫舍也会给猫咪喂药，如果猫咪有需要的话，并且有些顶级猫舍甚至会医治比方说有糖尿病的猫咪，给它注射胰岛素。如果你的猫咪需要持续治疗，那你需要找一个能够提供所需治疗的猫舍。

好的经营者会监控你的猫咪，他们甚至会有一种叫作"尿尿和便便"的图表，记录猫咪的小托盘里的状况，以及标注猫咪吃了些什么。这能很好地告诉他们猫咪是不是身体健康，以及让他们注意猫咪是否肠胃不适等，任何出现健康问题的猫咪都会被带去兽医那里。然后再提醒一次，好的猫舍会询问你有关兽医的细节，并且让你签署一份同意书，允许他们直接跟兽医联系，并在有需要的时候给猫咪提供医治。给进入猫舍的猫咪打疫苗也是很重要的一个环节，由于许多

猫咪住在一起，所以病毒也会存在。猫舍必须要求查看猫咪的疫苗证书，了解目前最新接种的情况，以保护你的猫咪和猫舍的其他猫咪。

在为猫咪寻找猫舍时，可以在其网站中查阅猫舍照片，当然，能亲自到猫舍查看最好。如果你在猫舍里转了一圈，发现经营者不给你看猫咪住在哪里，那你就离开这个猫舍吧——好的经营者是不会藏着掖着的，而会非常自豪地带你参观整个猫舍。

选择保险

我们都知道，给猫咪买保险是很明智的，因为这样它在生病、遭遇车祸或者和别的猫咪、小狗狗玩闹或争斗导致结果很糟糕时，我们可以同意兽医觉得需要做什么就可以做，因为所有的治疗费用都是包括在医保里的。当然，每月的账户上还会包括其他的日常开销，如果用不到保险，你就会觉得钱就白白浪费了。如果有事发生，它就会和别的保险一样，费用可以由保险解决。宠物保险实际上是最平常的保险单，甚至比家庭保险、汽车保险还要常见。而且超过95%的宠物保险理赔都是用在看病上，所以这块是你需要关注的。还要注意，大部分保险单不包括常规的预防性护理，比如疫苗，蠕虫、跳蚤治疗或者绝育手术。

对于猫咪一生来说，它比别的动物得病和出意外的风险要高。小猫咪和年幼猫咪的好奇心都很强，它们在汽车旁边通常都很马虎，有的时候会自己把自己弄伤，所以及时给猫咪买保险非常必要。确实，如果你买了一只纯种猫咪，或者你从别的救助组织中获

得了一只纯种猫咪，它会有 6 周的免费保险，作为保护的过渡期。这是有一定依据的，因为猫咪在搬家时压力很大，这会影响到它的免疫系统，使它更容易感染疾病。

猫咪 1 岁时可能是它最危险的时期，所以在此之前买保险绝对是明智之举。这段时间过后，它的几个生命阶段——可能在 3~9 岁之间，你会发现猫咪是真的很健康、精神饱满，你会考虑为什么要付钱买保险。然而，一旦猫咪变得成熟，就会有许多疾病困扰它，而且如果它能幸运地活到青壮年，那么像肾脏的疾病就会很常见。许多保险公司往往会设定猫咪保险的年龄，超过一定年龄他们就不会将你的宠物视作新客户。大部分公司都将年龄设定在 8 到 10 岁。因此，你需要确保在它这个年龄以前已经买了保险。

许多影响年老猫咪的疾病需要长期治疗，如果想要投保，你需要非常认真地阅读协议上的附属细则。这是因为，有些保险只包括一年内的某一疾病，另一年需要续费，否则就不再包括这个疾病。当然，如果你想要再买一份保险，就会有预先存在的问题，所以这么做另一个保险单也不会将其包括在内。因此，你也许想要找终身保险——一种可以终身为猫咪的某一疾病提供保障的保险。它会给你的猫咪每年看病提供一笔固定的保险费用。这显然是保险中最贵的一种，但是长期来看它是最能省钱的。终身保险差不多有 1/3 的理赔要求可以超过 12 个月。

其他的保险会有最广的覆盖面，也会支付这些费用，或者包括支付某一疾病的既定费用。另外，你也可以买 12 个月的保险单，这样你的猫咪在一定时间内对于某项疾病有固定的保险费用，但以前的保险费不会覆盖下一年。宠物保险中还会包括宠物的死亡，如果你要去医院的话，还有猫舍的费用。

有几百个宠物保险可供选择，从超市到专业宠物保险公司。先决定你要哪一种，然后仔细阅读细则、条件，这样当你真正需要它的时候就不会失望后悔。如果你需要保险公司理赔，要检查好你需要付出的额外费用，它可能是统一费用，也可能是理赔的一部分，或者是两者的结合。和你的保险公司交流，你就可以感受到他们顾客服务的质量。

所有的保险公司都受财务服务法案的限制，需要遵从其规定。

玩具

有的时候猫咪就像孩子一样知道如何巧妙利用我们，会叫我们帮它拿东西，想要我们陪它玩，而且比起礼物它更喜欢包装盒和包装纸。所以，猫咪的玩具一般来说不需要很贵很精致，最重要的，是它可以移动这个玩具。这就需要主人的投入和帮助。

几年前，在猫科动物咨询局的一项调查中，40％的回答者认为他们的猫咪很会叼东西。你一直以为这样的回答会出现在小狗狗的调查中，所以听到他们的回答，你反而会感到很惊讶。更深入的调查显示，很多猫咪在年轻的时候就很喜欢和主人互动。有的纯种猫咪如缅甸猫或是暹罗猫，要比杂种猫咪更会和主人互动，而且行为上和狗狗特别像。有些猫咪不会到户外去，所以就充满能量和精力，也非常享受这种刺激。

当你看到猫咪这么玩耍，就会意识到这是一种训练——"训练"它的主人，让他们加入自己，给它丢玩具，然后它再捡回来让你再丢给它，而不是它丢给你。对于猫咪来说，抓捕猎物是天性使然。它会把猎物带到安全的地方再吃，或者带回来给它的小猫咪吃。所以，抓住一样东西是猫咪天性延伸的体现。只是它的活力显现在最奇怪的地方——它想要主人和它互动，一起享受这个游戏。

等到它变老了，就会放慢节奏。然而，如果你的猫咪长期待在室内，或者不喜欢外出，那么就说明它很紧张。最好的办法就是丢东西给它，特别是需要它上下台阶，因为这对于它来说，不但是很好的锻炼机会，而且可以有助于增进主人和它之间的关系。

猫咪喜欢简单的玩具，比如纸球、乒乓球、报纸和纸箱，都很便宜而且很好玩。它也很享受那些玩具，比如说它们看上去像钓鱼竿，或者是电线绳子的一头，你可以像钓鱼一样，抛一端给它，然后移动得又快又颠簸。将一部分玩具先藏好，这样对它就能有新鲜感。

猫咪喜欢移动的物体，所以主人愿意投入是很了不起的。这最能够让猫咪运动起来，并且帮助它消耗些旺盛的精力！如果不用你的手，而是用玩具，那么小猫咪很有可能就因此习惯于抓、挠、咬你的手，虽然这些在它小的时候无妨，可是一旦长大了，这就是

猫薄荷

猫薄荷是一种植物，对于 80% 的猫咪有很大的效果。无论是碰到植物本身，还是碰到有猫薄荷填充过的玩具，都会让猫咪感觉到兴奋。这种植物中有一种活性成分叫作荆芥内酯，和麦角酸二乙基酰胺很像，但它的作用持续时间很短，也没有伤害，只要一小滴就能让猫咪看上去很享受。

通常来说，花园里的一株猫薄荷植物刚刚破土而出时，猫咪就会在上面翻滚，这让花园主人不得不栽种许多，以免这一株受到猫咪的"蹂躏"后再也不能生长。另一种保护这种植物能从泥土中长出嫩枝的方法，就是用挂着的开口朝上的篮子或者类似的东西，盖在它的上面，直到它长好。

裂唇嗅反应告诉我们，受这种植物影响的猫咪（小猫咪不会）会表现出很有意思的行为（参见 15 页）。当然，这个机理不仅仅只是让我们从这个有趣的植物里得到更大的发现，而是帮助猫咪生殖及喂食。猫咪只要嘴里尝到猫薄荷的味道，就会露出裂唇嗅反应的笑容。从外观上看，这是猫咪在咧嘴笑，或者是猫咪在张大嘴巴吸进空气时做出的表情。它通常会在发情季闻另一只猫咪的尿液，或者公猫射精时做出这个表情。这给予我们关于这个气味及猫咪排卵的大量信息，也许就是小猫咪对于猫薄荷没有任何反应的原因。这也显然表明，在发情季，它会通过大脑途径刺激到猫咪，让它做出奇怪举动，到处翻滚，而这时候我们往往就说它在发情。因此，对于猫薄荷的反应，也许是猫咪在 6 个月左右性发育成熟的时候才开始出现。

猫薄荷会被用来向一只猫咪介绍另一只猫咪，或者是分散它的注意力，或者是帮助它放松，这值得一试。猫咪在很放松的时候，不会去玩猫薄荷。所以，猫薄荷玩具也能让猫咪做出这种行为。

可供猫咪抓的地方

在花园里，猫咪会用树或者木篱笆帮助它磨掉爪子上的旧保护层，从而露出新鲜锋利的爪子。这些抓过的地方可以成为猫咪行为或者气味的记录。如果你有一只待在室内的猫咪，你就能发现它会利用家具或者地毯来做这个行为。如果不希望你的家具因此遭殃的话，你必须为它天然的行为准备一个发泄的地方，使它的爪子保持良好的状态。有些猫咪即使可以外出，也会抓家里的家具，所以在室内提供一个让它抓的地方很有用处。

可供抓的地方有各种形状、大小和材质，从罗麻包装的杆子，到扁平的纸或者木头。你可以给猫咪提供一个表面是树皮的地方，或者一个大的树枝，就好像它在户外磨爪子一样。你也可以给它提供一个用罗麻做的地方，或者是地毯。当猫咪在外面磨爪子时，它会试着找高一点的地方，这样它就可以往上伸，虽然高但是不会站不稳。还有许多猫咪游戏乐园会有不同的设计，既有磨爪子的地方，也有高高的休息的地方，甚至提供了猫咪运动的地方。

它的武器。强壮的猫咪往往会带来伤害，当然还有疼痛。会这么做的猫咪往往也会吓到小孩子，而且孩子们还不知道要温柔些，玩的时候甚至不愉快的时候要克制点。所以最好的办法就是玩的时候有节制，这样就避免力量上的较量。

项圈和背带

我的猫咪是不是应该戴项圈

猫咪经常可以无障碍地自由进出我们的家，这是做猫咪的一大乐趣，但猫可能会走丢，甚至会惹上麻烦。如果它爬上了某个人的车，被带走了呢？然后被带去急救组织，你永远都不知道它会发生什么事情。同样，如果它太不幸运了，被车子碾过，那你也许永远不会知道是谁撞了它，因为你联系不到。所以，给它带上标志物是很重要的。

有两种办法可以办到。第一种是通过植入微芯片，从皮肤下面插入一个米粒大小的玻璃。它会有特殊的数字，可以通过兽医、急救组织和当地权威机构的机器识别。数字会被保存在数据库里，只要你每次变更地址都及时告知相关部门，你就会知道你的猫咪是否已经被找到。

然而很多人倾向于给猫咪戴项圈，上面通常有写着地址的标签。这样一来，找到它的人，或者无法读芯片的人就可以知道它的地址。

但项圈有许多缺点，所以，选择哪一种项圈非常重要。猫咪特别会给自己找麻烦，尤其是年幼的猫咪。所以，给它戴上项圈，下次当它又在爬树或者在灌木丛被困住时就可以有机会得到解救。当然，应对事的发生，

最好是戴有弹性的项圈，使猫咪自己脱身时不会窒息。然而，这种做法也会成为潜在的危险，因为不同于甩甩头脱身，它经常只能将一部分身体挣脱束缚，而且通常是前脚可以跨出，所以项圈就会卡在猫咪的腋窝下，即便是再灵活的猫咪也无法通过甩动的方式脱身。除非项圈可以轻松脱下，否则它就会弄伤自己脚底，并留下伤疤，而且很难愈合，因为这是猫咪走路时皮肤伸展的地方。

有弹性的项圈和特别松垮的项圈还会困住它的下巴，甚至是猫咪的腰部，所以对于猫咪来说要像一个表演脱身术的人，十分贴合的戴着项圈（贴合到只有一两个手指的间隙），而且随着猫咪成长，要时常调整，检查项圈是否合适。因为小猫咪长得很快，而且随着年龄增加会变胖，这样就会增加窒息的风险。所以最好的选择是戴一种有机关、可以突然打开的安全项圈，在猫咪陷入困难时可以通过开关紧急打开。有的项圈打开时比较麻烦，买后要检查一下，但是它们确实是猫咪戴过的最安全的项圈。当然，也要确保项圈的质量很好，没有任何没缝好的针脚，

以免伤到猫咪的牙齿和嘴巴。

项圈应该是被用来帮助识别的工具。要么是记忆光碟，要么是管子上贴着一层纸，印着你家地址，要么是在项圈里面写了地址。因为它们不是无风险的，所以只是当作时尚装饰给猫咪戴项圈显然很不明智——猫咪已经很漂亮了，它不需要衣服和珠宝首饰。项圈上的反光带可以帮助猫咪在夜晚看清周边，就像是车前的照明灯一样。

灭蚤项圈也过时了。项圈本身也会对猫咪的生命造成威胁，所以应该有别的更好的方法可以替代项圈灭蚤的功能。

还有些项圈上挂有铃铛，这是为了警示并赶走小鸟（参见 43 页）。

教你的猫咪戴项圈或者用牵猫绳

如果你想要小猫咪或者猫咪戴项圈或者牵猫绳，那就早点教它。选择一个软些的项圈或者牵猫绳，不要有分节，否则猫咪会把自己缠绕起来或者爪子会钩破。给猫咪戴上项圈后，让它自己琢磨一会儿，但不要让猫咪独自待着没人注意，特别是小猫咪，最好用食物或者游戏分散它的注意力，这样一来，它就不会觉得项圈不舒服。然后把项圈拿掉，当你重复这个过程，做的时间要长一些。如果第一次的经历不糟糕的话，那么第二次猫咪的逃避感就不会很强烈。当它接受这个项圈时，给它鼓励，如果它表现出的反应是你喜欢的，那就奖励它。渐渐地，延长戴项圈的时间，关注它的反应。

如果你想要给它用带链子的牵猫绳，这样你就可以带它外出，那对它来说这也是一个新的尝试，需要一步一步慢慢来。你要记住，猫咪是一个最会逃走的动物，对于不喜欢的东西，它的天性就是尽可能逃走。如果它被链子束缚住，就会觉得压力很大、兴奋或者惊慌失措，所以你需要慢慢让它适应，让它熟悉这种束缚感。牵猫绳要很轻，其长

给猫咪成功穿戴好牵猫绳，但是步骤需要轻柔。

猫咪是躲避的艺术家，所以在花园里需要有防止猫咪逃走的措施。

不要让绳子限制它的移动。如果它挣脱绳索飞快地跑开，那就重新再试一次。一旦它习惯了绳子的约束，就可以试着换轻一点的绳子。永远都要在它表现出轻松的时候给它鼓励。当它在室内对你控制着它的绳子表现很平静时，你可以试着带它到户外去。先选择一个安静的时间，只是在花园里走几步就带回房间里。不要让任何事情出错，这样猫咪会获得越来越多的自信，然后习惯绳子的束缚，不会惊慌失措。

确保你能够控制得住绳子，不会让猫咪把你打结——确保绳子相对短一点直到猫咪习惯它。不要刚开始就用灵活性强的绳子（一种可以伸得很长，按一个按钮就可以自动卷起来的牵猫绳），因为猫咪会很重，你需要时刻关心猫咪而不是伸进伸出的绳子。况且有的时候猫咪会诱惑着你，让你把绳子放到最长，但问题在于，这样猫咪更容易被困住或者被什么东西缠绕住，反倒会让它更紧张害怕。因此，最好就是一开始用简易的绳子，最长在 2 米左右。一旦猫咪觉得牵猫绳很舒服，不会逃走了，你就可以换成灵活绳子，好让它更加自由地活动。

用栅栏围住你的花园

许多人不养猫是因为他们生活在闹市区，对于猫咪来说很危险，但是由于生怕猫咪跑走或者受伤，就把猫咪永久困在室内，对于猫咪来说也不公平。然而，解决这个问题，就是将好动的猫咪养在安全的环境里，而不是非要把猫咪一辈子关在室内。

有两种方法可以做到。第一种是用栅栏把花园围起来，要么全包，要么部分包住，

度不是必需品——控制一只猫咪不像控制一只罗特韦尔犬！

先用较轻的绳子或绳索做牵猫绳。将一段轻轻抓住，让猫咪慢慢走几步。如果你没什么招数，可以放食物鼓励它向前走。如果猫咪从反方向逃走，就在后面轻轻跟着它，

一种通过将每一个边界都用杆子连接的加固花园的方式。

阻止猫咪逃走。第二种方法就是建造一个活动场所。

建造高高的栅栏，上面有悬垂物，可以很好地阻止猫咪爬上去逃走。当然，花园的大小、复杂程度都不同，大部分花园都有些许障碍物，可能很难安装类似的东西。周边的树也会成为问题，因为猫咪可以爬上树，然后跳到栅栏上。还有诸如不平的土地、悬挂的枝头等类似的问题也都要得到解决。

限制猫咪的栅栏需要至少 1.8 米高。它可以是坚硬的，也可以是灵活的，根据你想要的样式选择线状还是网格。实际上，防止逃离的系统需要装在顶部，这又有许多途径，要么用固定的框架，要么用支架，或者是拉线机。它可以由水平线组成，从花园的直角伸出至少 0.5 米，或者它可以上视角呈

45 度。每种都可以设计悬垂部分，但是比起可以让猫咪爬上树够到栅栏顶端，45 度角的设计方式对于猫咪的诱惑力不大。

线也需要埋在地底下，这样猫咪就不会把它拔出来，然后逃跑，而且这样做别的猫咪也进不来。为了防止外界的猫咪偷偷溜进花园，悬垂部分也可以设计成 T 字形或者 Y 字形，而不是简单的倒 L 形。

任何通向花园的门都不得不做同样的处理，任何底层的缝隙也需要处理一下。一个"请关门"的告示牌会很有帮助。

用格子型有助于提升完全栅栏的外观，也会防止轻巧的蔓性植物长进来。

给树木围栅栏就像是给它戴帽子，或者给它戴上有伊拉莎白风格的项圈。节外生枝就需要削减，但是首先要确定你是不是住在物种多样性保护区域，或者你花园里的树是不是保护对象。如果是这样，你必须在削减前先咨询当地的管理部门。

事先和邻居交流新栅栏或者花园墙的主意是非常明智的，因为你要确保不会有反对声音出现。大型栅栏可能需要市政委员会的同意，所以在你着手建造前和他们确认是很重要的。

如果你的花园不适合围栅栏，那另外一种解决方法是你可以为猫咪设计专门的围地。如果它能通向房子，上面的屋顶可以用一年，那么猫咪就可以来去自如了。它可以是开放式的，可以根据之前所描述的方式，建造同种栅栏作为围墙和悬垂部分，或者可以直接用一个屋顶把它封闭起来，可以像果笼一样用铁丝网，也可以用聚氯乙烯材质。再提醒一次，建议在建造前咨询当地管理部门，查阅有关建筑材料的规定。如果这个活

如果你的花园不适合围栅栏，可以选择设计建造一种具有特定目的的围地。

动区域和你的家是分开的，那么你可以像猫舍那样给它建立一个单元。如果天气发生变化，你就不用让它立即进屋了。

相类似地，比如说能否知道食物、床垫还有小托盘之类的问题也会出现。如果家里和外面的活动区域是 24 小时都连接的话，那就没有任何问题。习惯在晚上被关在家里的猫咪，在糟糕天气时也许更倾向于在屋内使用小托盘，而不是到屋外淋雨。要时时刻刻保证有干净的饮用水，所以即使通向屋内的通道暂时受阻，也会有别的供应水可以弥补。

无论你设计的围地是什么样子的，重要的是要为猫咪提供玩耍的场所。如果花园还没有提供诸如此类的游戏设施，那就提供磨爪子的地方，比如架子（用树枝做成的可以攀爬的木架）等，可以阻止你的猫咪有出逃的想法。

猫咪富有灵气，与主人之间的互动总是让人那么着迷。本书以轻松活泼的文字结合大量的精美图片，介绍了猫咪护理、常见疾病处置、繁育等知识，内容丰富、通俗易懂。作为猫咪主人，本书能引导你从新的视角了解自己的猫咪，通过观察它的行为来洞察它的意图，最终让你的猫咪更健康、更惹人喜爱。

祝广大宠物猫爱好者早日成为高级"铲屎官"。

Cat Manual: The complete step-by-step guide to understanding and caring for your cat / by Claire Bessant / ISBN: 9780857333018

Originally published in English by Haynes Publishing under the title: Cat Manual written by Claire Bessant, © Claire Bessant 2012.

This title is published in China by China Machine Press with license from Haynes Publishing. This edition is authorized for sale in China only, excluding Hong Kong SAR, Macao SAR and Taiwan. Unauthorized export of this edition is a violation of the Copyright Act. Violation of this Law is subject to Civil and Criminal Penalties.

本书由 Haynes Publishing 授权机械工业出版社在中华人民共和国境内（不包括香港、澳门特别行政区及台湾地区）出版与发行。未经许可的出口，视为违反著作权法，将受法律制裁。

北京市版权局著作权合同登记 图字：01-2018-2214 号。

图书在版编目（CIP）数据

宠物猫驯养手册：与喵星人一同成长 /（英）克莱尔·贝赞特（Claire Bessant）著；高宏译. — 北京：机械工业出版社，2018.9
书名原文：Cat Manual: The complete step-by-step guide to understanding and caring for your cat
ISBN 978-7-111-60628-4

Ⅰ.①宠… Ⅱ.①克… ②高… Ⅲ.①猫 – 驯养 Ⅳ.①S829.3

中国版本图书馆CIP数据核字（2018）第179769号

机械工业出版社（北京市百万庄大街22号 邮政编码100037）
策划编辑：张 建 责任编辑：张 建 高 伟
责任校对：唐秀丽 责任印制：张 博
北京尚唐印刷包装有限公司印刷

2018年9月第1版·第1次印刷
180mm×239mm·9.5印张·198千字
标准书号：ISBN 978-7-111-60628-4
定价：59.80 元

凡购本书，如有缺页、倒页、脱页，由本社发行部调换
电话服务 网络服务
服务咨询热线：（010）88361066 机 工 官 网：www.cmpbook.com
读者购书热线：（010）68326294 机 工 官 博：weibo.com/cmp1952
　　　　　　　（010）88379203 金 书 网：www.golden-book.com
封面无防伪标均为盗版 教育服务网：www.cmpedu.com